実験・観察がもっとたのしくなる！

ビーカーくんの
なるほど 理科室用語辞典

うえたに夫婦 著

Glossary of science lab terms
by Beaker-kun

はじめに

こんにちは、作者のうえたに夫婦です。この本を手に取っていただき、本当にありがとうございます。

ビーカーくんの単行本はこれまで4冊出ていますが、今回の本はそれらと違い「全編ふりがな付き」です。これまでの4冊は、どちらかというと大人に向けた内容になっていて、ふりがなもありませんでした（第4弾は一部ふりがな付き）。それでも、ビーカーくんを愛読してくれている小中学生が多くいるということを知り、今回の本は小中学生が読みやすいようにふりがな付きにしました。

本書はタイトルに「用語辞典」と入っている通り、言葉の意味や解説が並んでいますが、難しい言葉はあまり使わないようにしています。また、イラストやマンガをたくさん入れて、どの用語もなるべくイメージしやすいようにしてみました。イラストやマンガだけを読んでも楽しめると思います。

また、本書が「理科用語辞典」ではなく「理科**室**用語辞典」というタイトルになっているのは「これは参考書ではなく、理科室を楽しむための本ですよ～」という想い

からです。勉強として理科用語を学ぶのも大切ですが、まずはその前に「理科を楽しむ、理科室を身近に感じる」というのが大切かなと個人的には感じています。そのため本書では、理科室にある器具や薬品、実験、起きる現象などに加えて、少し変わった用語も入れています。

例えば、「紛失（P.164）」「取れなくなっちゃった…（P.135）」「忘れられた教科書やノート（P.192）」などの理科室でたまに起こってしまうこと。また、「軍手（P.62）」「たらい（P.118）」「バケツ（P.147）」など、あまり目立つことはないけど理科室には必要なもの。さらには「消火用の砂（P.92）」「流し台の椀トラップ（P.136）」など、マニアックな用語も数多く取り上げています。「これ、自分の理科室にもあるある！」と楽しんでもらえると嬉しいです。

とここまで書いておきながらではありますが、本書には理科における重要な用語もたくさん入っています。
例えば「泥」という項目（P.135）があります。泥というと「雨の日などのぬかるんだ土」をイメージするかもしれませんが、理科・

科学の世界でいう「泥」とは「岩石が細かくなった粒のうち、0.0625mmより小さいもの」を指します。つまり、水を含む含まないは関係ありません。これは主に中学校で学ぶ範囲になりますが、事前に知っておくことで、理科の学習がよりスムーズに進むはずです。

他にも、岩石と鉱物の違いや、気体検知管の使い方、加熱できるガラス器具など、理科を学ぶ上でぜひ覚えておきたい内容も満載です。

上で紹介したもの以外にも「顕微鏡」「地層を作る実験」「ビーカー」「理科室のルール」「ワインの蒸留」など、載っている用語は合計400以上。50音順に並んでいて、どこから読んでも楽しめるようになっています。また、各用語解説の最後の矢印のところに、関連用語も付けていますので、用語から用語へジャンプして楽しむのもおすすめです。

理科室は「なんとなく怖い」とか「よくわからない難しい器具が並んでいる」など、マイナスのイメージを持っている人もいるかもしれません。そういった人がこの本を読

んで「理科室って楽しそう」「こんな実験もあるの？ やってみたい」と、理科室に対するイメージが少しでも変われば嬉しいです。もちろん、理科室大好き！ という人も大歓迎。一緒に理科室の楽しさを共有しましょう。

ちなみに、この本の中に出てくる理科室は架空のものです。ただし「これまでの経験や取材をもとに、うえたに夫婦が作り上げた理科室」なので、実際に存在する学校の一部を集めたものとも言えます。みなさんの学校の理科室と比べながら読んでもらえると楽しいと思います。

この本が「理科って楽しい！」「理科室って、なんだかわくわくする！」というきっかけの一冊になることを願っています。

うえたに夫婦

もくじ

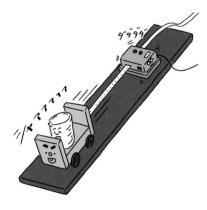

理科室と
ビーカーくん

第1弾は
実験器具

第2弾は
化学の実験

第3弾は
昔の実験器具

第4弾は
工場や博物館の
取材レポ

そして、
今回の本は…ここ!!

理科室が
テーマの辞典!!

バーン

ふだん理科室を
使っている人は
もちろん

これから理科室を
使う人にもこの本を
読んでほしいよね

…まずは
この理科室がどんな
ところかを紹介しよう!

オー

理科室ってこんなところ

実験や観察を行うための器具や設備がそろっている。
また、救急箱や消火用の砂など
万が一に備えたものもある。

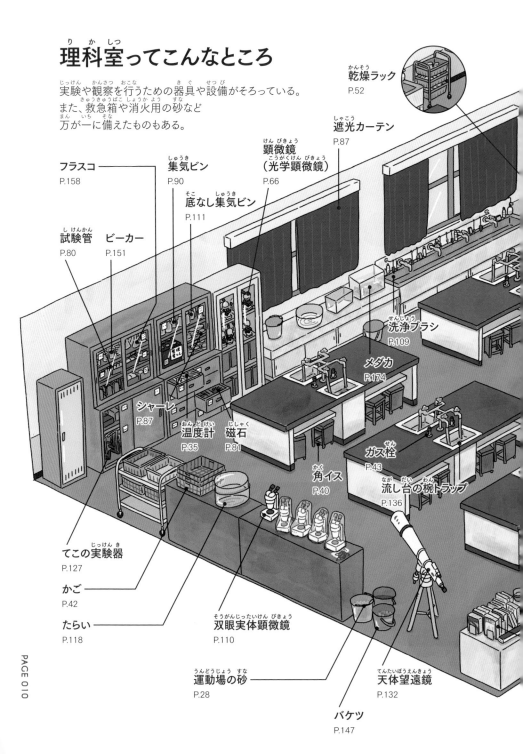

乾燥ラック
P.52

遮光カーテン
P.87

顕微鏡
（光学顕微鏡）
P.66

フラスコ
P.158

集気ビン
P.90

底なし集気ビン
P.111

試験管
P.80

ビーカー
P.151

洗浄ブラシ
P.109

メダカ
P.174

シャーレ
P.87

温度計
P.35

磁石
P.81

ガス栓
P.43

角イス
P.40

流し台の椀トラップ
P.136

てこの実験器
P.127

かご
P.42

たらい
P.118

双眼実体顕微鏡
P.110

運動場の砂
P.28

天体望遠鏡
P.132

バケツ
P.147

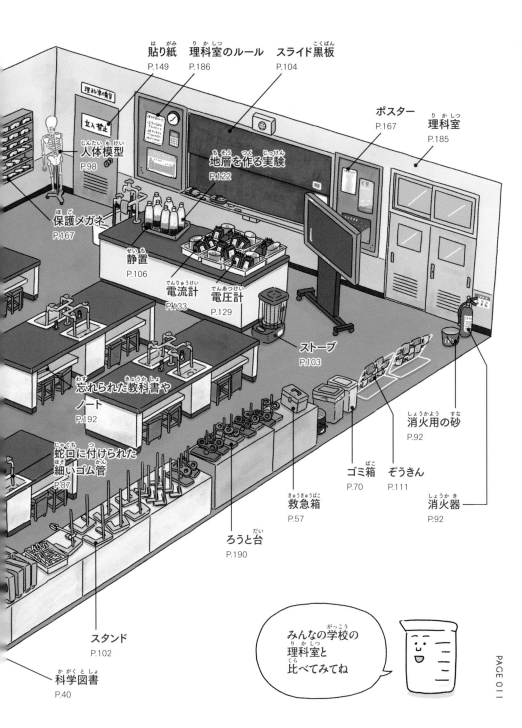

貼り紙
P.149

理科室のルール
P.186

スライド黒板
P.104

ポスター
P.167

理科室
P.185

人体模型
P.98

保護メガネ
P.167

地層を作る実験
P.122

静置
P.106

電流計
P.133

電圧計
P.129

ストーブ
P.103

忘れられた教科書や
ノート
P.192

蛇口に付けられた
細いゴム管
P.87

消火用の砂
P.92

ゴミ箱
P.70

ぞうきん
P.111

消火器
P.92

救急箱
P.57

ろうと台
P.190

スタンド
P.102

科学図書
P.40

みんなの学校の
理科室と
比べてみてね

理科室で
やることも
ご紹介

理科室で主に行われること

（それぞれの用語の解説ページも記載）

メインは
実験と
観察だね

さまざまな実験

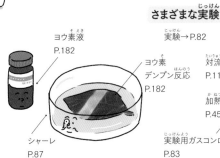

ヨウ素液
P.182

実験→P.82

サーモインク
P.75

ヨウ素
デンプン反応
P.182

対流
P.115

加熱
P.45

シャーレ
P.87

実験用ガスコンロ
P.83

さまざまな観察

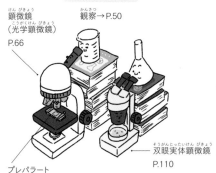

顕微鏡
（光学顕微鏡）
P.66

観察→P.50

プレパラート
P.161

双眼実体顕微鏡
P.110

さまざまな測定

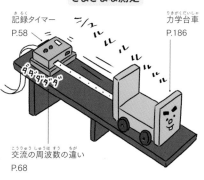

記録タイマー
P.58

力学台車
P.186

交流の周波数の違い
P.68

スケッチ

→P.101

スケッチは
外でも
やるけどね

演示実験

→P.32

保護メガネ
P.167

液体窒素
P.28

でも、たまにこんなことも起こったり…

理科室でたまに起きてしまうこと

これらはなるべくない方がいいよね

薬品
P.178

ガン

あ

失敗
→P.83

あれ？たりない

分銅
P.164

紛失
→P.164

ぐぐぐ

試験管
P.80

ゴム栓
P.72

取れなくなっちゃった…
→P.135

このまま理科室をひたすら案内するのもいいけど

今日は…

わいわい

ぞろぞろ

特別にこの部屋にも入ってみよう

理科準備室

楽しみ〜

おーいアルコールランプくーん

ガチャ

はいはーいどうぞ〜

いってらっしゃーい

理科準備室ってこんなところ

さまざまな実験器具や薬品が保管されていたり、
先生が実験を行う部屋でもある。

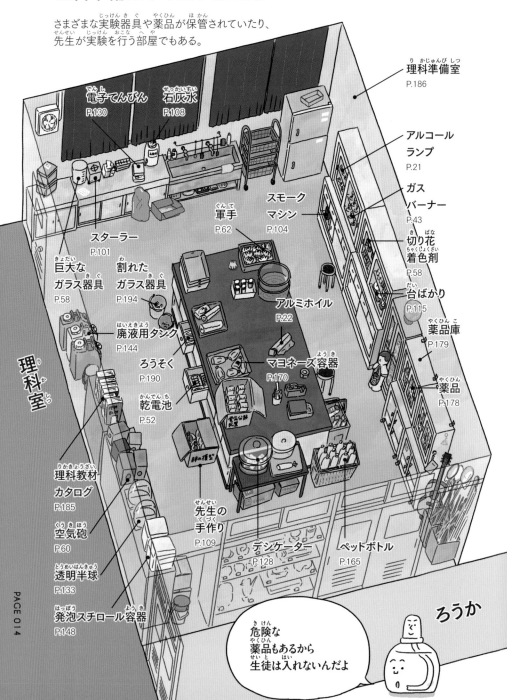

理科準備室って
なんか秘密の
空間って感じ〜

ふたりは
普段あまり
入らないもんね

ここで先生が
事前に実験を
したりしてるよ

なるほど〜

スタスタ

石灰

先生が理科準備室で行うこと

これらは
一部さ

ボボボ

予備実験

事前に実験を行い危険な点などを
確認しておくこと

薬品管理

→P.178

実験に使う
薬品の準備

など

じゃあそろそろ
本編に…
と言いたいところ
だけど

まだ
紹介したい
ところが
あるんだよね

うんうん

ということで
こっちだ〜

ガラッ

// レッツゴー!!

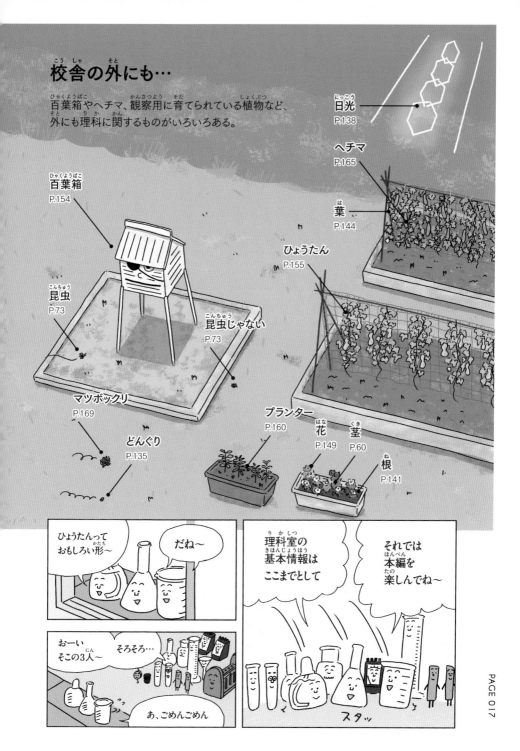

校舎の外にも…

百葉箱やヘチマ、観察用に育てられている植物など、
外にも理科に関するものがいろいろある。

日光
P.138

ヘチマ
P.165

葉
P.144

百葉箱
P.154

ひょうたん
P.155

昆虫
P.73

昆虫じゃない
P.73

マツボックリ
P.169

プランター
P.160

花
P.149

茎
P.60

どんぐり
P.135

根
P.141

ひょうたんって
おもしろい形〜

だね〜

理科室の
基本情報は
ここまでとして

それでは
本編を
楽しんでね〜

おーい
そこの3人〜

そろそろ…

あ、ごめんごめん

スタッ

この本の見方

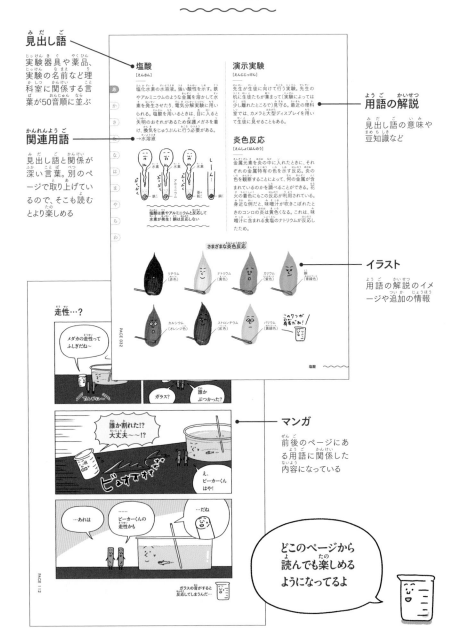

見出し語
実験器具や薬品、実験の名前など理科室に関係する言葉が50音順に並ぶ

関連用語
見出し語と関係が深い言葉。別のページで取り上げているので、そこも読むとより楽しめる

用語の解説
見出し語の意味や豆知識など

イラスト
用語の解説のイメージや追加の情報

マンガ
前後のページにある用語に関係した内容になっている

塩酸
［えんさん］

塩化水素の水溶液。強い酸性を示す。鉄やアルミニウムなどの金属を溶かして水素を発生させたり、電気分解実験に用いられる。塩酸を用いるときは、目に入ると失明のおそれがあるため保護メガネを着け、換気をじゅうぶんに行う必要がある。
→水溶液

演示実験
［えんじじっけん］

先生が生徒に向けて行う実験。先生の机に生徒が集まって（実験によっては少し離れたところで）見つめる。最近の理科室では、カメラや大型ディスプレイを用いて生徒に見せることもある。

炎色反応
［えんしょくはんのう］

金属元素を炎の中に入れたときに、それぞれの金属特有の色を示す反応。炎の色を観察することによって、何の金属が含まれているのかを調べることができる。花火の着色にもこの反応が利用されている。身近な色だと、味噌汁が吹きこぼれるときのコンロの炎は黄色くなる。これは、味噌汁に含まれる食塩のナトリウムが反応したため。

塩酸は鉄やアルミニウムと反応して水素が発生！銅は反応しない

さまざまな炎色反応
リチウム（赤色）　ナトリウム（黄色）　カリウム（紫色）　銅（青緑色）
カルシウム（オレンジ色）　ストロンチウム（紅色）　バリウム（黄緑色）

この銅がこの前の！

塩酸

走性…？

メダカの走性ってふしぎだね〜

ガラス？
誰かぶつかった？

誰か割れた!?大丈夫〜〜!?

え、ビーカーくんはや！

……
…あれは　ビーカーくんの走性から　…だね

ガラスの音がすると反応してしまうんだ…

どこのページから読んでも楽しめるようになってるよ

理科室用語辞典

Glossary of science lab terms
by Beaker-kun

アイスクリーム作り

[あいすくりーむづくり]

楽しい実験の1つ。通常、氷だけだと温度は0℃までしか下がらない。しかし、塩と水を混ぜると−20℃くらいまで温度が下がるので、この現象を利用すればアイスクリームを作ることができる。
→寒剤、楽しい実験

塩と氷で冷やして作るアイスクリーム

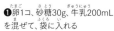

❶卵1コ、砂糖30g、牛乳200mLを混ぜて、袋に入れる

❷大きな袋に塩150gと氷500gを入れてよくもむ

❸②に①を入れ、タオルで包んでよく振る

❹5分くらいして中が固まったら完成！

空き缶

[あきかん]

ものの燃え方を学ぶ実験に用いることが多い。缶を2つ用意して、側面の底付近に穴を開けたときと開けてないときの燃え方の違いを見ることができる。穴があると空気の通りがよくなってより激しく燃える。
→底なし集気びん

空き缶くんたち

アスピレーター

[あすぴれーたー]

水道水の流れを利用して圧力を下げる器具。ゴム管が2ヶ所に付いていて、一方は水道の蛇口に、もう一方は容器（吸引びんなど）につなげる。アスピレーターの中を水が流れると、その流れにともなって容器内の空気が吸われ、圧力が下がる仕組み。吸引ろ過をするときに用いられる。
→ろ過

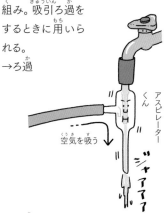

アスピレーターくん

空気を吸う

ジャアアア

圧力

[あつりょく]

ある面に力が加わるとき、その力の垂直方向の大きさを面積で割った値。例えば、鉛筆の両端に指を当てた場合、同じ力でも尖っている部分が当たる指の方が痛い。

これは尖っている方は面積が小さく、その分、圧力が大きいから。
→水圧、大気圧

$$圧力 = \frac{面を押す力}{力がはたらく面積}$$

圧力が大きい　圧力が小さい
いててて

アルカリ

[あるかり]

水溶液にしたときにアルカリ性を示す物質。アルカリ性の水溶液は、赤色リトマス紙を青色に、フェノールフタレイン液を無色から赤色に、BTB溶液を緑色から青色に変える。
→酸、pH指示薬、リトマス紙

アルコールランプ

[あるこーるらんぷ]

加熱器具の1つ。ゆるやかな加熱に最適で、簡単に持ち運びできる。しかしその一方で「火力の調節ができない」「アルコールがこぼれる危険性がある」などの点から、最近の小学校ではほとんど使用されなくなっている。
→実験用ガスコンロ、使われなくなった器具

アルコールランプの使用前チェックポイント

出ている芯の長さは適切か（5mmくらい）

アルコールの量は8分目くらいか

芯が十分にアルコールにつかっているか

ガラスにひびがないか

アルコールランプくん

アルコールランプのフタくん

アルコールランプの注意点

やめてー

火がついた状態で持ち運んではいけない

×

アルコールランプ同士で火をつけてはいけない

×

○

長期間使わないときは、中のアルコールを抜いておく

アルコールランプ

アルコールランプのフタ

[あるこーるらんぷのふた]

アルコールランプの火を消す目的でも使われる。火を消すときは火のななめ上からかぶせて消し、すぐにフタを一度はずすこと。そうしないとフタが取れにくくなったり、アルコールがフタの内部に付いて、次の実験のときに引火するおそれがある。また、フタがガラス製の場合、フタとアルコールランプ本体はきっちり合うように作られているので、その組み合わせを変えてはいけない。このような注意事項が多いのも、小学校で使用されなくなった要因かもしれない……。

→取れなくなっちゃった…

アルコールランプ　　アルコールランプくん
のフタくん

消すよ〜　　おねがい

タッ　　カチャ　ブッ

完了!!　　いつもありがと!

アルミホイル

[あるみほいる]

金属の一種であるアルミニウムを薄く伸ばしたもの。アルミ箔ともいう。電気に関す

る実験や、葉の光合成を調べる実験などに使われる。なお、アルミホイルで乾電池を包むと発熱して危険なので絶対にしてはいけない。

→してはいけない

オモテとウラに成分的な違いはナシ

アルミホイル

アルミホイルの使われ方

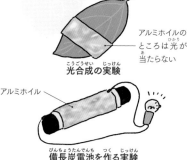

アルミホイルのところは光が当たらない

光合成の実験

アルミホイル

備長炭電池を作る実験

安全第一

[あんぜんだいいち]

理科室を使用するとき、つまり実験をするときに最も優先すべき考え方。これを忘れると事故やケガが起きてしまう。実験でガラス器具や薬品、火や電気を利用するときは特に注意が必要となる。また、実験の準備や片付けのときも気を抜いてはいけない。先生の指示や理科室のルールを守って理科室を利用しよう。

→してはいけない、整理整頓、貼り紙、理科室のルール

アンモニア

[あんもにあ]

鼻をさすような刺激臭のある、無色の有
毒な気体。水に非常に溶けやすく、その
水溶液(アンモニア水)はアルカリ性を示す。
アンモニア同様、アンモニア水も危険性
が高いので、薬品庫で厳重に保管する必
要がある。
→希釈、においの嗅ぎ方、薬品庫

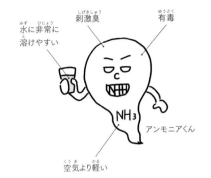

刺激臭
有毒
水に非常に溶けやすい
空気より軽い
NH₃
アンモニアくん

アンモニア噴水

[あんもにあふんすい]

気体のアンモニアが水に非常に溶けやす
いという性質を利用した実験。アンモニ
アが充満したフラスコ内に水を少量入れ
ると、その水にアンモニアが溶け、フラスコ
内の圧力が下がる。すると、それにともな
ってビーカーから水が吸い込まれ、フラス
コ内でピューッと勢いよく水が噴き上がる。
ビーカーの水にフェノールフタレイン液を
入れておくと水の色も変わる。見応えのあ
る楽しい実験。
→pH指示薬

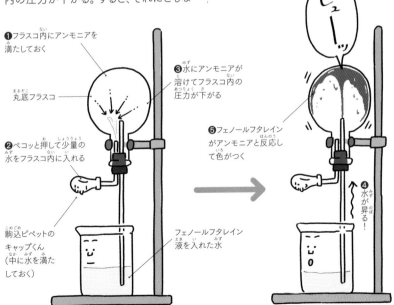

❶フラスコ内にアンモニアを
満たしておく

丸底フラスコ

❸水にアンモニアが
溶けてフラスコ内の
圧力が下がる

❷ペコッと押して少量の
水をフラスコ内に入れる

駒込ピペットの
キャップくん
(中に水を満た
しておく)

フェノールフタレイン
液を入れた水

ピュ
ーッ

❺フェノールフタレイン
がアンモニアと反応し
て色がつく

❹水が昇る！

イオン

[いおん]

電気を帯びた原子や分子のこと。原子が電子を受け取ったり失ったりすることで、その電気的バランスがくずれてイオンとなる。例えば、水素の原子は電子を1つ失うことで水素イオンとなる。

原子がイオンになるイメージ

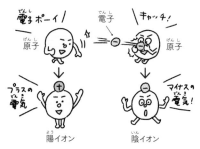

維管束

[いかんそく]

植物の茎の内部にある道管(根が吸収した水や養分が通る道)と師管(葉で作った栄養分が通る道)が集まった部分。切り花着色剤を使えば、双子葉類と単子葉類の維管束の違いを観察できる。

→切り花着色剤

茎の断面の観察方法

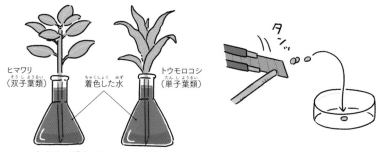

❶着色した水に植物を浸けて数時間おく　❷カッターで茎を薄く切る

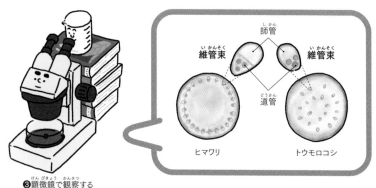

❸顕微鏡で観察する

いかんそく

理科準備室

実験しよー

わい わい

ぼ——っ

なんか最近、誰もボクを見てくれないな

人体解剖模型くん

えーじゃあ今日はいかんそくね

胃観測…!?

久しぶりにボクの出番か?

ガチャ

わい わい がやがや

あのー

あ、人体解剖模型くん

一緒に維管束を見る?

あ、はい

どうぞ〜

胃観測なんて言葉…ないですよね

まぁ、維管束を見るのも楽しかったよ

維管束

あ か さ た な は ま や ら わ

生きている化石

[いきているかせき]

地層の中から発見される姿と比べて、体の形や特徴がほとんど変わることなく現在も生き延びている生物。「生きた化石」と呼ばれることもある。シーラカンス、カブトガニ、オオサンショウウオなどに加え、イチョウやメタセコイアなどの植物も含まれる。

→化石

形がずっと変わってない理由はまだわかってないんだって

化石

カブトガニ

化石

シーラカンス

化石

オキナエビス

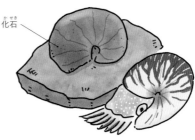

化石

オウムガイ

化石

イチョウ

化石

メタセコイア

生きている化石

石綿
[いしわた]

アスベストともいう。天然の繊維状鉱物の1つで、ほぐすと綿状にできる。保温材、耐火材として建物などに使われていたが、石綿のほこりは人体に悪影響を及ぼすことから、現在は製造や使用が禁止されている。理科室では、1980年代後半まで金網の白い部分に使われていたが、現在はセラミックが使われている。
→金網

石綿（鉱物）　　　　石綿（加工品）

糸電話
[いとでんわ]

音の性質を学ぶことができるおもちゃ。シンプルだがやってみるとおもしろい。糸と紙コップで作れて、声が聞こえているときに糸を触ると震えていることがわかる。また、糸をつまんだり、たるませたらどうなるかなど、さまざまな音の実験ができる。
→音の性質、科学おもちゃ

紙コップ　　たこ糸

陰極線
[いんきょくせん]

真空中で電流を流したときに、マイナス極からプラス極に向かって放出される電子のビームのこと。通常は目に見えないが、蛍光板などを用いると見ることができる。
→クルックス管、電子

上皿てんびん
[うわざらてんびん]

左右の皿の釣り合い具合によって質量をはかる器具。はかりたい物体を片方の皿に乗せ、もう片方の皿に分銅を乗せていき、針の揺れを見る。針の揺れが左右同じであれば釣り合っていることを意味し、このときの分銅の合計が物体の質量となる。ただ、現在の小学校では上皿てんびんではなく、より簡単にはかれる電子てんびんが使用されている。
→質量、使われなくなった器具、分銅

分銅　薬包紙

消しゴムくん
17g!!

上皿てんびんくん

お〜い　お〜い

運動場の砂

[うんどうじょうのすな]

運動場から持ってきた砂。バケツに入れられて理科室に置かれていることがある。水のしみこみ方を観察する実験や、地層を作る実験などに使われる。消火用の砂とは目的が異なるが、緊急のときは代用することもできる。

液体窒素

[えきたいちっそ]

液体状態の窒素。略して「えきち」と呼ぶこともある。無色透明で、−196℃。見た目にわかりやすい実験ができる。ただし、液体窒素には凍傷や破裂などの危険性があるので、必ず性質を理解した指導者が取り扱う必要がある。

−196℃

ボクを扱うときは専用の手袋と保護メガネをつけてね!

液体窒素くん

液体窒素運搬容器

[えきたいちっそうんぱんようき]

液体窒素を持ち運んだり、一時的に保管

しておくための容器。液体窒素は絶対に密閉してはいけないので、運搬容器のフタはかぶせるだけの構造になっている。

液体窒素
運搬容器くん

液体窒素を使った簡単な実験

液体窒素の粒が滑っていく!

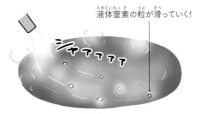

シャァァァ

わざと机にこぼす

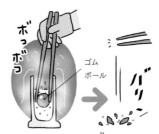

ボッボッ

ゴムボール

バリ

ゴムボールを冷やす

ブクブク

二酸化炭素を入れた袋

ドライアイスができた!

二酸化炭素を冷やす

においの正体…!?

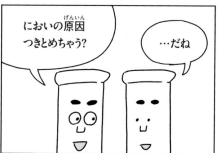

運動場の砂にまぎれて
いたのでした

ごくまれにまぎれこんでる
ことがあるんだって

液体窒素運搬容器

あ
か
さ
た
な
は
ま
や
ら
わ

エタノール

[えたのーる]

特有の香りを持つ無色の液体。エチルアルコールともいう。蒸発しやすく、火をつけると燃える。葉の脱色や蒸留の実験で用いられる。なお、似た名前のものにメタノール（メチルアルコール）があるが、こちらは人体に有毒なので注意が必要。メタノールは刺激臭があり、少量でも飲んでしまうと失明したり死亡するおそれがある。
→蒸留

エナメル線

[えなめるせん]

銅線をエナメル（電気を通さない塗料）で覆ったもの。電磁石を作るときなどに用いる。エナメルの部分をやすりで削ると中の銅線が出てくるので、それを利用して簡単なモーターを作ることもできる。
→コイル、電磁石

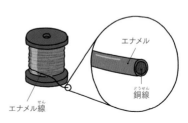

エネルギー

[えねるぎー]

「物体に力を加えて動かす」「液体から気体に変化させる」など、ものを変化させるはたらきを持つ。そのはたらきの大きさを表す単位はジュール（J）。エネルギーにはさまざまな種類があり、互いに移り変わったりする。

さまざまなエネルギー

光エネルギー　熱エネルギー　電気エネルギー
運動エネルギー　音エネルギー　化学エネルギー

えら呼吸

[えらこきゅう]

———

魚類や両生類の子ども（おたまじゃくしなど）が行う呼吸の方法。えらにある血管で水中に溶けている酸素を取り込み、二酸化炭素を水中に放出している。

塩

[えん]

———

酸とアルカリの中和によってできる水以外の化合物。例えば、塩酸と水酸化ナトリウムの反応では塩化ナトリウムと水ができる。この場合、塩化ナトリウムが塩である。
→中和

中和反応の例

$$HCl + NaOH \rightarrow NaCl + H_2O$$
塩酸　　水酸化ナトリウム　塩化ナトリウム　水

 酸　 アルカリ　 塩

塩化水素

[えんかすいそ]

———

鼻をさすような刺激臭のある無色の有毒な気体。水に非常に溶けやすく、その水溶液（塩酸）は強い酸性を示す。空気より重いので、集気ビンに集めるときは下方置換で行う。
→気体の集め方

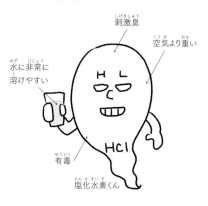

刺激臭
空気より重い
水に非常に溶けやすい
有毒
塩化水素くん
HCl

塩化ナトリウム

[えんかなとりうむ]

———

白色で粉末状の物質。食塩ともいう。水への溶け方を調べたり再結晶させたり、凝固点降下などさまざまな実験に使われる。塩化ナトリウムと糸で氷を釣る実験も楽しい。
→寒剤、再結晶

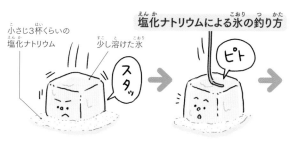

塩化ナトリウムによる氷の釣り方

小さじ3杯くらいの塩化ナトリウム
少し溶けた氷
スタッ
ピト

❶塩化ナトリウムの上に氷を乗せる　　❷氷の上に糸をたらして1分間待つ

わっ
ひょい
❸釣れた！

あ
か
さ
た
な
は
ま
や
ら
わ

塩化ナトリウム

塩酸

[えんさん]

塩化水素の水溶液。強い酸性を示す。鉄やアルミニウムのような金属を溶かして水素を発生させたり、電気分解実験に用いられる。塩酸を用いるときは、目に入ると失明のおそれがあるため保護メガネを着け、換気をじゅうぶんに行う必要がある。
→水溶液

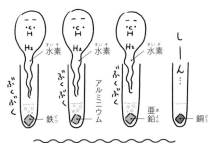

塩酸は鉄やアルミニウムと反応して水素が発生！銅は反応しない

演示実験

[えんじじっけん]

先生が生徒に向けて行う実験。先生の机に生徒たちが集まって(実験によっては少し離れたところで)見守る。最近の理科室では、カメラと大型ディスプレイを用いて生徒に見せることもある。

炎色反応

[えんしょくはんのう]

金属元素を炎の中に入れたときに、それぞれの金属特有の色を示す反応。炎の色を観察することによって、何の金属が含まれているのかを調べることができる。花火の着色にもこの反応が利用されている。身近な例だと、味噌汁が吹きこぼれたときのコンロの炎は黄色くなる。これは、味噌汁に含まれる食塩のナトリウムが反応したため。

さまざまな炎色反応

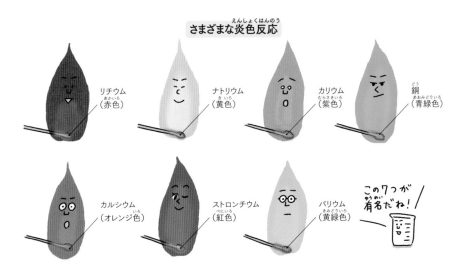

リチウム（赤色）
ナトリウム（黄色）
カリウム（紫色）
銅（青緑色）
カルシウム（オレンジ色）
ストロンチウム（紅色）
バリウム（黄緑色）

この7つが有名だね！

あ
か
さ
た
な
は
ま
や
ら
わ

遠心力

[えんしんりょく]

回転運動している物体が、回転の中心から外側に向かって感じる力。バケツに水を入れてぐるぐる回しても水がこぼれないのは、遠心力によって水がバケツの底に押しつけられているからと考えることができる。

塩素

[えんそ]

鼻をさすような刺激臭のある、黄緑色の有毒な気体。水に溶けやすく、その水溶液には殺菌作用がある。そのため、水道水やプールには決められた基準の量の塩素を溶け込ませている。なお、水に溶けた塩素は塩化物イオンとなり、低い濃度であれば健康への影響はほとんどないとされる。

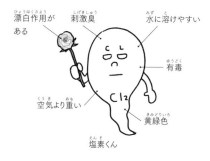

漂白作用がある

刺激臭

水に溶けやすい

有毒

空気より重い

黄緑色

塩素くん

Cl2

えんとつ効果

[えんとつこうか]

えんとつの中で起きる空気の流れのこと。ものを燃やすと、温度が高くなった空気はえんとつの中を昇っていく。すると、それにともなって冷たい空気が下から入る。その結果、えんとつの内部で空気が上に昇る流れができる。この効果は、空き缶や底なし集気ビンを用いた実験によって体感できる。
→空き缶、底なし集気ビン

空気の流れ

筒

冷たい空気

オームの法則

[おーむのほうそく]

回路に流れる電流、電圧、抵抗の関係を表す法則。簡単にいうと「電圧が大きいと電流も大きくなる」「抵抗が大きいと電流は小さくなる」ということ。ドイツの物理学者、ゲオルク・オームが発見したことからこの名前が付いている。
→回路

オームの法則

$$\underset{(V)}{電圧} = \underset{(A)}{電流} \times \underset{(\Omega)}{抵抗}$$

単位　　　　単位

オームの法則

オシロスコープ

[おしろすこーぷ]

電気や音の変化（振動）を、波として表示する装置。音の場合、波の形によって音の大きさや高さなどを読み取ることができる。オシロスコープにマイクをつなげて、自分の声や楽器の音の波形を見る実験のほか、高校や大学では電子回路の実験などに用いられる。

→ギター

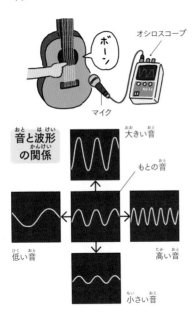

ボーン

オシロスコープ

マイク

音と波形の関係

大きい音

もとの音

低い音

高い音

小さい音

音の性質

[おとのせいしつ]

音とは、物体がふるえ、そのふるえがまわりのものに伝わったもの。空気中だけでなく、水中でも金属中でも音は伝わっていく。ただ、ふるえるものがないと伝わらないため、真空中では音は聞こえない。

→真空

真空

すずくん

?

重さ

[おもさ]

物体にはたらく重力の大きさ。重量ともいう。重さの測定は、ばねばかりや台ばかりを用いる。ごっちゃになりやすい用語に「質量」があるが、重さと質量は異なる。重さはあくまで重力の大きさなので、重力が異なる場所、例えば地球と月であれば同じものでも重さは変わる。

→質量、重力

おもり

[おもり]

ばねやてこ、振り子など、重さを変えて実験したいときに用いる道具。何個もつるすことができる円筒形のおもりは、何も考えずに机に置いて転がって落としてしまいがち。

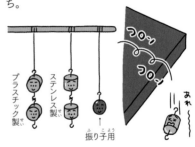

プラスチック製

ステンレス製

振り子用

コロコロ

あれ

おんさ

[おんさ]

たたくと一定の高さの音を出すU字形の金属。音の実験に使用される。おんさの

下に付いている箱は共鳴箱といって、音を大きく鳴らす効果をもつ。また、おんさは楽器の調律（音の高さを合わせる作業）にも使用される。

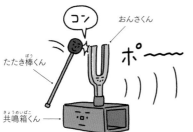

おんさと長さの関係

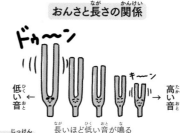

ドゥ〜ン キーン

低い音 ← → 高い音

長いほど低い音が鳴る

おんさを使った実験

ポ〜

❶同じ高さの音が鳴るおんさのうち、片方だけたたいて音を鳴らす

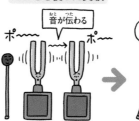

音が伝わる

ポ〜 ポ〜

❷もう1つのおんさからも音が鳴る（これを共鳴という）

ピト ポ〜

❸片方を止めても、もう1つの方は鳴り続ける

音速

[おんそく]

音が伝わる速さのことで、空気中で約340メートル毎秒（m/s）※。気体よりも液体、液体よりも固体の方が音速は上がる。例えば、水だと約1500m/s、窓ガラスだと5440m/sとなる。　※気温15℃のとき

温度計

[おんどけい]

温度をはかるための器具。蒸留の実験や、

温度とものの溶け方の関係を調べる実験などに使用される。デジタル温度計もあるが、小中学校では棒温度計がよく用いられる。ちなみに、棒温度計の中の液体には赤く着色した灯油が使われている。

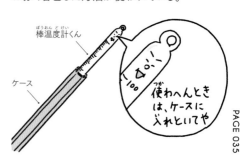

棒温度計くん

ケース

使わへんときは、ケースに入れといてや

温度計

棒温度計くんのナゾ

アルコールランプの、お・も・ひ・で…

・アルコールランプ→P.21 ・アルコールランプのフタ→P.22

理科室や実験室という言葉でまっさきに思い浮かぶのは、やはりアルコールランプ。実物に初めてお目にかかったのは小学生のときで、先生の演示実験(デモンストレーション実験)でした。実験の内容はかんぜん記憶喪失。ただただ、アルコールランプを見つめていたのだと思います。

アルコールランプのどこがかっこいいのか(かっこいい前提で書いてます)……全体のぽてっとしたデザイン!(安定性を増すための工夫です)、芯を支える白いガイシ(熱に強く変質しにくい材料を採用)、くねっと生物的な姿の芯(自在に曲がる毛細管素材!)……などなどを想像するかもしれませんが、私のいちおしは何たってフタなのです(笑)。分厚いガラスでころんとした愛らしいデザイン、真上にあるちょっとしたへこみ、ランプ本体とぴったり合ううすり合わせ部分のはちまき……と、単体で持ち帰りたくなるようなすてきな姿(実際、本体が壊れたアルコールランプのフタを、先生にお願いしてもらって帰ったこともあります)。

そしてそのかっこよさをはるかにしのぐ、絶対的強力壮絶偉大な機能がこのフタにはあるのです……。

それはアルコールランプに夢中になった直後のこと、寝てもさめても「アルコールランプぅ〜」とうなされている私を見かねて、父がアルコールランプを作って(買ってぢゃない…笑)くれました。小さな調味料のびんが本体で燃料はライターオイル(このため炎はオレンジ色です)、ガーゼをねじった芯などを材料に(念のため……良い子はまねしないっ!)、私と真逆で器用だった父はさくっと作り上げて目の前で点火式。みごと着火成功したのですがその後の約2時間、少年(つまり私)はひたすら炎を見つめて過ごしたのでした。なぜなら、フタをつくらなかったので消火できず、「火を扱っているときはぜったいにはなれてはいけない」とクギをさされていたので(これは正しいと今でも思う)、燃料がつきるまで見守らざるを得なかったのです。いや〜、アルコールランプのフタの偉大さを身をもって感じ、ひれ伏した少年時代の思い出です。

その後(大人になって)念願かなって購入したちゃんとしたアルコールランプは、フタが樹脂製になっててものすごくショック。探しまわってガラス製を手に入れたことは言うまでもありませんが、そのアルコールランプは使われることなくしまい込まれていることは、口がさけても言えません(学校の予算で買ったので……あ、書いたらばれるかぁ)。

回路
[かいろ]

電流が流れる道筋。電気回路ともいう。電気がプラス極からマイナス極へ一本道で流れるように豆電球や電池をつなぐことを直列回路、枝分かれになるようなつな

ぎ方を並列回路という。なお、豆電球やモーターなどの抵抗になるものが無い状態で、電池のプラス極とマイナス極をつないではいけない。これは「ショート回路」といって、電池が発熱したり破裂したりするおそれがあるので非常に危険。
→リード線

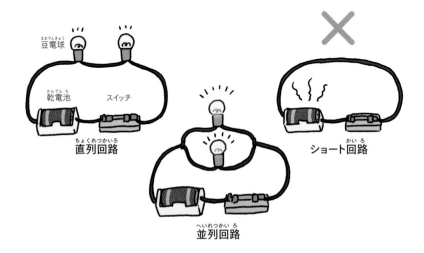

豆電球
乾電池　スイッチ
直列回路
並列回路
ショート回路

ガウス加速器
[がうすかそくき]

ネオジム磁石と鉄球を用いた鉄球加速装置。鉄球をころころ転がして強力な磁石に当てただけで、反対側にある鉄球が猛

スピードで飛び出すのが不思議でおもしろい。これは、鉄球が強力な磁石に当たる瞬間に加速し、そのエネルギーが反対側の鉄球に伝わるというしくみ。
→科学おもちゃ

ガウス加速器のイメージ

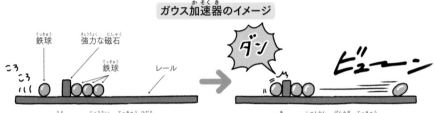

鉄球　強力な磁石　鉄球　レール
ころころ
❶上のような状態で、鉄球を左からゆっくり転がして磁石に当てる
ダン　ビューーン
❷当たった瞬間、1番右の鉄球が猛スピードで飛び出す

科学（自然科学）

[かがく（しぜんかがく）]

———

実験や観察などによって、自然界における現象や法則を明らかにしようとする学問。理科という教科は、これまで科学によって明らかにされてきたことが土台となっている。

化学

[かがく]

———

科学の分野の1つ。理科を構成するものの1つでもある。物質の性質や構造、物質同士の反応などが学びの対象となる。科学と読み方が一緒で紛らわしいため、化学を「ばけがく」と呼ぶこともある。
→紛らわしい言葉

科学おもちゃ

[かがくおもちゃ]

———

科学（理科）を楽しく学ぶためのおもちゃ。「学ぶための」と書いたが、ただ楽しむだけでもいい。そこから「なんでこうなるの？」という疑問が生まれたらしくみを調べてみよう。

あ
か
さ
た
な
は
ま
や
ら
わ

いろいろな科学おもちゃ

永久ゴマ
コマの中の磁石と、土台の中のコイルが作用して回転し続ける

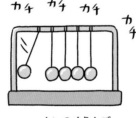

ニュートンのゆりかご
金属球が振り子のように衝突するのを繰り返す

水飲み鳥
内部の液体の状態変化と圧力変化を利用して動き続ける

ポンポン船
パイプ内の水があたためられて水蒸気として噴出するときのパワーを動力としている

たのしそう〜！

科学おもちゃ

科学図書
[かがくとしょ]

科学や理科に関する書籍や図鑑。理科室のうしろに並んでいることがある。ビーカーくんの単行本も並んでいるかも？ ぜひ自分の学校の理科室をチェックしてみよう。
→子供の科学、ビーカーくん

子供の科学

さまざまな図鑑や絵本

ビーカーくんの
単行本

化学反応（化学変化）
[かがくはんのう（かがくへんか）]

物質が分解したり他の物質と作用した結果、別の物質に変化すること。これは、原子間のつながりが変わることで起きる。
→状態変化

ボボボ

アルコールの燃焼という化学反応が起きてまーす！

角イス
[かくいす]

理科室や図工室で使われている背もたれのない木製のイス。背もたれがないのは、実験中に机の下にしまうため。横に板が付いているのは、一説には「先生の演示実験を見るとき、うしろにいる生徒が乗るため」とも言われている。ただ、現在の理科室では一般的な丸椅子が使われていることも多い。
→演示実験

理科室のイスくん

理科室のイスくんの日常

こんにちは
理科室のイスです。
角イスとも
いいます

ボクの好きな場所は
実験机の下です

だって机から出ると
人の足に当たったり
しちゃうので

いてっ

ボクは縁の下の力持ち。
目立つことは
したくないんです

みんなの実験を支える
存在でいたい

…だけどたまに

ガン

あ

ガッターン

見ないで〜

わっ

注目を集めてしまう
ことがあるのです

理科室のイスくんがたおれると
大きな音がするよね

角イス

隠し蛇口

[かくしじゃぐち]

特殊なタイプの実験机に備え付けられた蛇口。一般的なものとは違い可動式になっていて、必要なときは上に出して使う

ことができる。使わないときは蛇口を下に引っ込めてその上に板を取り付けられるようになっているので、机を広く使えて便利。

→実験机

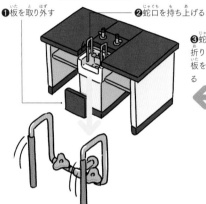

蛇口を使うとき

❶板を取り外す　❷蛇口を持ち上げる

蛇口を使わないとき

❸蛇口を下に折りたたんで板を取り付ける

カチャ

❹机の上が広く使える!

かご

[かご]

教材や実験器具、薬品などを整理するための入れ物。理科室や理科準備室ではさまざまなタイプのかごが使われる。

→乾燥ラック

化合物

[かごうぶつ]

2種類以上の原子がつながりあってできている物質。例えば、水(H_2O)や塩化ナトリウム(NaCl)など。

→原子、単体

ボクらはあくまで一例さ!

持ち手付き

浅型　深型

過酸化水素水

[かさんかすいそすい]

過酸化水素という物質が水に溶けた無色透明の液体。酸素を発生させる実験などに使用される。目や肌につくと危険なので、取り扱い時は保護メガネとゴム手袋を着けること。学校で用意している過酸化水素水の濃度は30%のものがほとんどで、それを10倍に薄めて使用することが多い。その際、水の方に過酸化水素水を少しずつ注いでいくこと。反対だと発熱して非常に危険。
→希釈、酸素、保護メガネ

10倍に薄めたもの

「薄い過酸化水素水」は3%濃度のものをいう

ガス栓

[がすせん]

ガスバーナーを使用するためのガスの元栓。現在、ガスバーナーは小学校ではほとんど使用しないが、今も小学校の実験机にガス栓が残っていることが多い。

ガスバーナー

[がすばーなー]

加熱器具の1つ。実験机にあるガス栓につないで使用する。空気やガスの量を調節でき、加熱具合をコントロールしやすい。ただ、使用には練習が必要で、最初は空

気調節ねじとガス調節ねじを間違いがち。ガスバーナーは分解できるので構造から知っておくとそのミスは防げる。

ガスバーナーくん

ガスバーナーの使い方

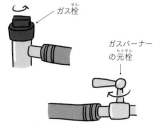

ガス栓

ガスバーナーの元栓

❶ガス栓とガスバーナーの元栓を開ける

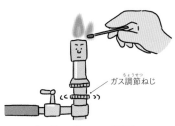

ガス調節ねじ

❷火を横から近づけ、ガス調節ねじを回し火をつける

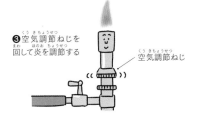

❸空気調節ねじを回して炎を調節する

空気調節ねじ

化石
[かせき]

地層に残された、過去の生物の遺がい（簡単にいうと死体）や痕跡。動物の骨や

ふん、足跡、植物の葉や幹、花粉などがある。化石を手に取ると、その生物が生きていた時代にタイムスリップしたような気持ちになれる。
→地層

さまざまな化石

アンモナイト

三葉虫

恐竜の足あと

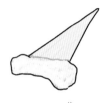

サメの歯

ブナの葉

シダ植物

仮説
[かせつ]

正しいかどうかはまだわからないが、ある程度の理由を持った仮の説。例えば、水が沸騰するのを見て「なぜ泡がぼこぼこ出るのかな?」は疑問。「水は蒸発すると水蒸気になるから、この泡は水蒸気かも」が仮説。立てた仮説が正しいかどうかは、実験や観察によって確かめることができる。

片付け
[かたづけ]

理科室を安全に使うために欠かせない作業の1つ。生徒たちも自ら片付けできるよう、器具の収納場所や引き出しにラベルが付けられている理科室も多い。なお、焦って片付けをしているとぶつかったりして危険なので、時間に余裕を持って行うのが良い。
→整理整頓、ラベル

滑車
[かっしゃ]

まわりにレールがあり、糸やひもで回転させることができる円板。大きく分けて定滑車（固定して使う）と動滑車（固定せずに使う）の2種類がある。滑車は「力」を学ぶために小学校でも用いられていたが、現在はほとんど姿を消している…。
→使われなくなった器具

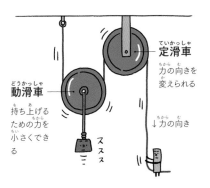

定滑車
ていかっしゃ
力の向きを変えられる

動滑車
どうかっしゃ
持ち上げるための力を小さくできる

ススス

↓力の向き

金網
[かなあみ]

実験で加熱するときに用いる器具。白い円形の部分は、上に乗せたものを均一にあたためる効果がある。昔はその白い部分に石綿が使われていたが、現在はセラミックになっている。それがわかるように「セ」という文字が書かれているものもある。
→石綿

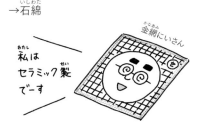

私はセラミック製でーす

金網にいさん

過熱
[かねつ]

高温になり過ぎること。もしくは液体が沸点（沸騰する温度）を超えているのに沸騰しない状態。例えば、水（沸点が100℃）を内面がツルツルの容器でゆっくり熱すると100℃を超えても沸騰せず、過熱状態になりやすい。過熱状態で何かが混入したり振動があると突沸を起こすので非常に危険。こうならないように、熱する前に必ず沸騰石を入れなければならない。
→突沸、沸騰石、紛らわしい言葉

加熱
[かねつ]

火やお湯によって物体をあたためる操作。水を加熱して状態変化を観察する実験や、金属を加熱して体積がどう変化するかを調べる実験などで行う。加熱は事故やケガにつながりやすいので注意が必要。
→湯せん

あったかーい♪

消すときは言ってね！

加熱

加熱とガラス器具

[かねつとがらすきぐ]

ガラス器具には加熱に強いものと弱いも

のがある。行う実験の内容によってガラス器具を使い分けるが、加熱に強い・弱いも含めて選択しなければならない。

あ

か

さ

た

な

は

ま

や

ら

わ

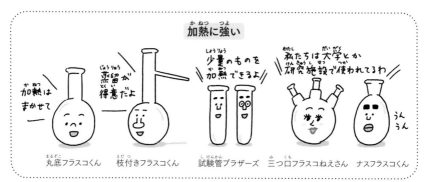

加熱に強い

丸底フラスコくん　枝付きフラスコくん　試験管ブラザーズ　三つ口フラスコねえさん　ナスフラスコくん

ゆるやかな加熱ならOK

平底フラスコくん　ビーカーくん

加熱してはいけない

三角フラスコくん　メスフラスコちゃん

カバーガラス

[かばーがらす]

顕微鏡で観察するときに必要な非常に薄いガラスの板。スライドガラスとセットで用いる。正方形のタイプが一般的だが、長方形や円形のものもある。薄くて割れやすいので取り扱いに注意。一度机に落としてしまうと、持ち上げるのが困難。

→スライドガラス、プレパラート

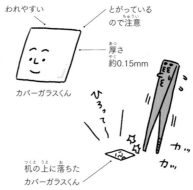

われやすい

とがっているので注意

厚さ
約0.15mm

カバーガラスくん

ひろって...

机の上に落ちた
カバーガラスくん

ガラス器具トーク

～～　カバーガラス

花粉

[かふん]

植物が種子を作るために必要な、遺伝の情報が入った小さな粒。花のおしべの先にある「やく」という袋の中に花粉が入っている。花粉がめしべに付くことを受粉と呼び、それがゆくゆくは種子が作られることにつながる。花粉は、虫によって運ばれるもの、風によって運ばれるものなど、植物の種類によって異なり、それぞれの運ばれ方に適した形状をしている。

→種子、花

〈風に運ばれる花粉〉

小さくてサラサラしたものが多い

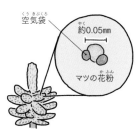

空気袋
約0.05mm
マツの花粉

〈虫に運ばれる花粉〉

ねばねばしていたりトゲがあったりする

約0.05mm
ヒマワリの花粉

〈鳥に運ばれる花粉〉

昆虫のいない冬、蜜を吸いにきた鳥の顔につく

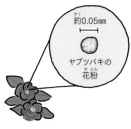

約0.05mm
ヤブツバキの花粉

約0.1mm
トウモロコシの花粉

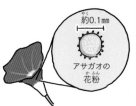

約0.1mm
アサガオの花粉

他にも、水に運ばれる種類の植物があるよ

ガラス

[がらす]

二酸化ケイ素という物質を主成分とする透明で硬い素材。薬品に反応しにくく、電気を通さない。さらには熱で溶かして加工しやすいという特長があるので、実験器具の材料として広く使われている。配合する原料や量によってさまざまな種類のガラスがある。

→ビーカー、フラスコ

ソーダガラス

最も一般的で値段が安い。窓ガラスなどに使われる

ホウケイ酸ガラス

急激な温度変化に強く、実験器具などに使われる

ガラス棒

[がらすぼう]

ビーカーの中の液体をかき混ぜたりするための器具。他にも、ろ過のときに液体を伝わせるのに使ったり、リトマス紙に少量の液体を付けるときにも使用される。何も考えずに実験机に置くと転がってしまうので注意。

混ぜるときガンガン当てないでね〜
ガラス棒くん

ガラス棒の使われ方

ぐるぐるぐる

液体のかき混ぜ

ピト

リトマス紙などに液体をつける

軽石

[かるいし]

火山の噴火によって噴き出たマグマが地表や空中で冷えて固まったもの。固まるときに内部のガスが外に出ていくので、多くの穴が開いている。そのため、非常に軽く水に浮くものもある。大きい軽石ほど持ったときの驚きも大きい。

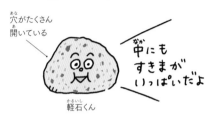

穴がたくさん開いている

中にもすきまがいっぱいだよ

軽石くん

カルメ焼き

[かるめやき]

サクッとした食感のふくらんだ砂糖菓子。加熱した砂糖液に重曹と卵白を混ぜたものを加えてかき混ぜると、ぶくぶくふくらみながら白く固まる。重曹(炭酸水素ナトリウム)の熱分解を学ぶ実験として行われることがある。
→炭酸水素ナトリウム

ぷく〜〜〜

おぉふくらんだ!

深めのお玉

カルメ焼き

換気

[かんき]

室内の空気を外の新鮮な空気と入れ換えること。ものを燃やす実験や、有毒ガスが発生する可能性がある実験、液体窒素やドライアイスを使用するときなどは、窓を開けて、じゅうぶんに換気する必要がある。

観察

[かんさつ]

物体や生物、現象を注意深くとらえて、そのものの存在や変化を記録すること。観察したことを記録するときは、日付や時間、場所などの情報を合わせて記すようにする。

寒剤

[かんざい]

2種類以上の物質を混ぜて作る冷却剤。さまざまな組み合わせがある。例えば、氷と食塩（－21℃）、氷と塩化カルシウム（－55℃）、ドライアイスとアルコール（－72℃）など。
→塩化ナトリウム、ドライアイス

慣性の法則

[かんせいのほうそく]

物体の運動に関する法則の1つ。簡単にいうと「力をかけなければ、その物体はそのままの運動状態を保ち続ける」というもの。例えば、バスが急停車したとき、乗っている人が前につんのめってしまうのは、慣性の法則で説明できる。
→だるま落とし

ドライアイス単品とドライアイス寒剤

ドライアイス単品は－79℃だが
冷却能力は寒剤の方が高い

バスで見る慣性の法則

急発進するとき

止まったままでいようとする

急ブレーキのとき

動いたままでいようとする

岩石

[がんせき]

——

1つまたは数種類の鉱物が集まってできているもの。日常的には単に「石」と呼んだりもする。「岩石」と聞くとなんとなく大き

主な岩石の種類

火成岩
マグマが冷えて固まってできたもの。
火山岩と深成岩に分けられる

〈火山岩〉 地表で
急に冷えてできたもの

流紋岩　安山岩　玄武岩

白 ← 色 → 黒

少ない ← 有色鉱物 → 多い

〈深成岩〉 地下深くで
ゆっくり冷えてできたもの

花こう岩　せん緑岩　斑れい岩

白 ← 色 → 黒

少ない ← 有色鉱物 → 多い

堆積岩
地層が長い時間をかけて押し固められてできたもの。
構成する粒の大きさや堆積したものによって分けられる

〈川の水のはたらきによって
できたもの〉

れき岩　砂岩　泥岩

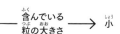

大 ← 含んでいる
粒の大きさ → 小

〈火山噴出物や、
生物の死がいによってできたもの〉

凝灰岩　石灰岩　チャート

火山の噴出物（火山灰、軽石など）からできている

炭酸カルシウムを多く含む

二酸化ケイ素を多く含む

生物の死がいからできている

あ
か
さ
た
な
は
ま
や
ら
わ

乾燥ラック
[かんそうらっく]

洗浄した器具を乾かす棚。使いやすさの点から、蛇口が並ぶ洗い場の近くに置かれていることが多い。動かせるタイプもあり、器具を収納する棚の近くに持っていけるので便利。
→かご

乾電池
[かんでんち]

持ち運び可能な電池のうち、外に液体が出ないように工夫されたもの。電気回路の電源として、電気を学ぶ上で欠かせないものになっている。乾電池の内部に含まれる物質がイオンになり、その際に発生する電子が動くことで電気が流れるしくみ。
→イオン、回路、電子

貴ガス
[きがす]

元素周期表の18族(一番右の列)に並ぶ元素グループ。ヘリウムやネオン、アルゴンなどが含まれる。どれも気体で、他の物質

気孔
[きこう]

主に葉の裏側に多く存在する隙間。孔辺細胞という2つの細胞にはさまれている。気孔が口のように開いたり閉じたりすることで、水分量の調節や、酸素や二酸化炭素の出し入れを行っている。
→呼吸、蒸散

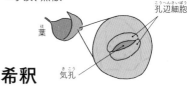
孔辺細胞
葉
気孔

希釈
[きしゃく]

濃度を薄めること。塩酸やアンモニア水などの危険な液体薬品を希釈するときは、混ぜる順番が重要。薬品に水を入れてしまうと、発熱して薬品が飛び散ることがあるので絶対にダメ。先にある程度の水を用意しておいて、そこに薬品を少しずつ入れていくという順番にしなければならない。
→安全第一

と化学的に反応しにくい性質がある。
→元素周期表

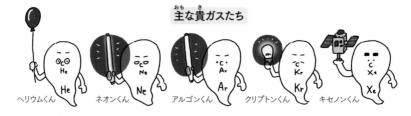
主な貴ガスたち
ヘリウムくん He　ネオンくん Ne　アルゴンくん Ar　クリプトンくん Kr　キセノンくん Xe

ギター
[ぎたー]

弦楽器の1つ。音の性質を学ぶときのために理科準備室に置かれていることがある。弦のふるえと音の大きさを調べたりするのに使われる。
→音の性質

気体検知管
[きたいけんちかん]

気体(酸素や二酸化炭素など)の濃度を測定する器具。ガラス管に薬品が詰められた形になっていて、気体採取器に差し込んで使用する。空気中の酸素の割合や、呼吸によって二酸化炭素がどのくらい増えるのかなどを調べる実験に使用される。

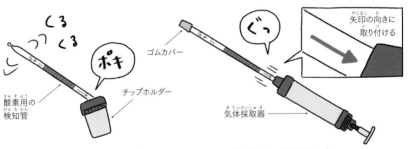

酸素用の検知管

二酸化炭素用の検知管

気体採取器
[きたいさいしゅき]

気体検知管を使用するときに必要な器具。口の部分に気体検知管を取り付けて、ハンドルを引き1分ほど待つ。すると、徐々に検知管に気体が吸い込まれていく。

空気中の酸素濃度の測定手順

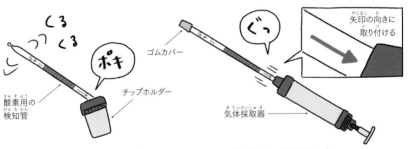

ゴムカバー

チップホルダー

酸素用の検知管

矢印の向きに取り付ける

気体採取器

❶酸素用の検知管の両端を折る

❷検知管を気体採取器にセットする

カ
チッ

❸採取器のハンドルを引いて、1分待つ

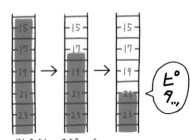

ピタッ

❹検知管の目盛を読む。21%とわかる!

気体採取器

気体の集め方

[きたいのあつめかた]

気体を集めるときは、性質の違いによって3つの方法を使い分ける。まず、水に溶けにくい気体は水上置換法を用いる。一方、水に溶けやすい気体は、空気より軽いか重いかで分かれる。空気よりも軽い場合は上方置換法、重い場合は下方置換法を用いる。

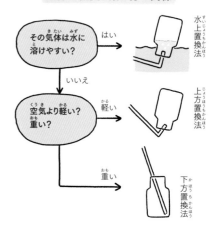

気体の性質と集め方の関係

その気体は水に溶けやすい？ → はい → 水上置換法

↓ いいえ

空気より軽い？重い？ → 軽い → 上方置換法

→ 重い → 下方置換法

気体を作る実験

[きたいをつくるじっけん]

薬品を反応させて気体を発生させる実験。発生させた気体を集めて、その気体の性質を確認するところまでがセットとなる。
→気体の集め方

〈酸素〉

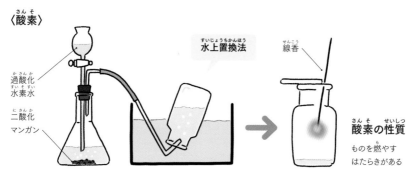

水上置換法

線香

過酸化水素水

二酸化マンガン

酸素の性質

ものを燃やすはたらきがある

〈二酸化炭素〉

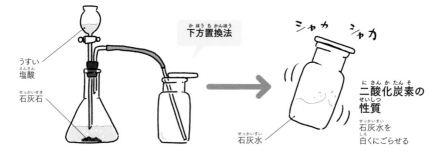

下方置換法

シャカ シャカ

うすい塩酸

石灰石

二酸化炭素の性質

石灰水を白くにごらせる

石灰水

アンモニアを作る実験

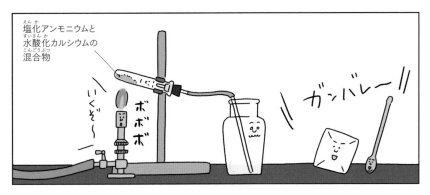

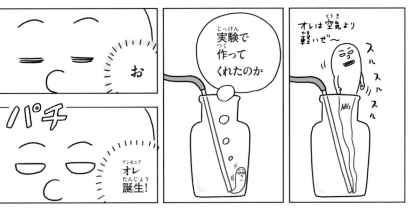

アンモニアは空気より軽くて水に溶けやすいので、上方置換を用いなければならないのです

1コマ目で気づいた人はすごい！

気体を作る実験

キップの装置

[きっぷのそうち]

薬品を反応させて、必要な分だけ気体を発生させることができるガラス器具。3つ

の球体がたてに並んだ構造になっていて、コックの開け閉めによって反応のコントロールができる。最近はなかなか見ることができないが、中学校の理科準備室の奥に保管されていることがある。

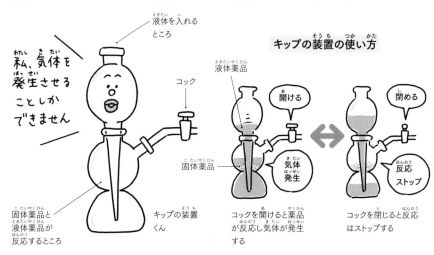

私、気体を発生させることしかできません

液体を入れるところ

コック

固体薬品と液体薬品が反応するところ

キップの装置くん

キップの装置の使い方

液体薬品

開ける

固体薬品

気体発生

コックを開けると薬品が反応し気体が発生する

閉める

反応ストップ

コックを閉じると反応はストップする

キムタオル

[きむたおる]

日本製紙クレシア株式会社が販売する産業用ワイパー※の1つ。薄い紙が4枚重ねになっていて、まさにタオルのような厚みが特長。多量の水や油を拭き取るのに便利。キムワイプの兄弟的存在。大学や研究施設には常備されているが、小中学校の理科室で見ることはあまりない。

ばけばが出にくい素材なので、実験器具の拭き取りに最適。見た目はティッシュみたいだが、紙の手触りが全然違ってザラザラした感じ。大学や研究施設には常備されていて、小中学校の理科準備室にもたまにある。その場合、先生がキムワイプマニアである可能性が高い。

キムワイプ

[きむわいぷ]

日本製紙クレシア株式会社が販売する産業用ワイパー※の1つ。吸水性が高く、け

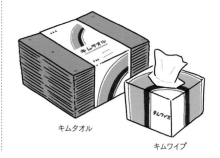

キムタオル

キムワイプ

※産業用ワイパー：工場や研究所、病院などで発生する油や汚れを拭き取るための紙や不織布製品

逆流
[ぎゃくりゅう]

実験中に起こしてはいけないことの1つ。気体を作る実験や蒸留の実験などで注意すべきこと。「実験がうまくいった〜」と油断して、加熱を止めると逆流が起きてしまう。逆流が起きるとガラス器具が割れてケガにつながることもあるので、加熱を止める前にガラス管を抜くことが重要。

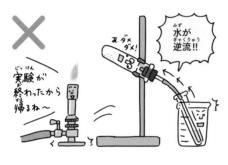

救急箱
[きゅうきゅうばこ]

応急処置をするために必要な物が入った箱。絆創膏や消毒液、とげ抜きなどが入れられている。ただし、実験中にケガや火傷などがあった場合は、基本的に保健室や病院に行くのが前提となる。

牛乳
[ぎゅうにゅう]

牛のお乳（生乳）を殺菌するなどした飲み物。科学的には水分に乳脂肪やタンパク質が散らばった構造をした液体で、実験材料として用いられたりもする。お酢を入れたときの変化や、牛乳そのものを顕微鏡で観察してもおもしろい。
→ブラウン運動

教訓茶碗
[きょうくんちゃわん]

沖縄県石垣島に古くから伝わる民芸品の1つ。中にシーサーの置物が立っていて、その顔の高さまで水を注ぐと、底の穴から水が流れ出て空っぽになるという不思議なコップ。これはシーサー部分がサイフォンとしてはたらくために起こる。「欲張り過ぎるのはダメ」という教訓が込められている。
→サイフォン（サイホン）

教訓茶碗

教訓茶碗のしくみ

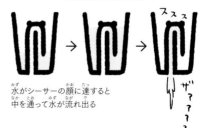

水がシーサーの顔に達すると中を通って水が流れ出る

教訓茶碗

巨大なガラス器具

[きょだいながらすきぐ]

先生が液体の薬品を調合したりするのに使う大きめのビーカーやフラスコ。定義はないが、2リットルを超えると「巨大だな〜」と感じる。巨大なガラス器具は製造するのも大変なので、価格も高い（2リットルビーカーで4000円以上）。

でか〜っ

2リットルビーカーさん

切り花着色剤

[きりばなちゃくしょくざい]

植物の茎の構造を観察するのに便利な液体。根っこを切った植物をこの液体に浸けておくと、葉まで液体が行き渡る。そして茎を薄く切って顕微鏡で観察すると、水が通ったところ（道管）がわかる。昔は食紅などを使って色水を作っていたが、切り花着色剤の方が吸い上げる時間が短いのでよく使われる。
→維管束

切り花着色剤

記録タイマー

[きろくたいまー]

物体の速さや動きの変化を記録するための機器。決まった時間間隔でテープに点を打つことができる。テープに打たれた点の間隔が広ければ速く、点の間隔が短かければ遅いということを表す。ちなみに、東日本では1秒間に50回、西日本では1秒間に60回打点するタイプが多い。これは、電源が関係している。
→交流の周波数の違い、力学台車

記録タイマーを使った実験

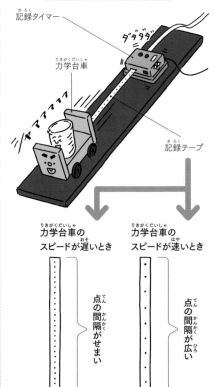

記録タイマー

力学台車

ダダダダ

記録テープ

力学台車のスピードが遅いとき

点の間隔がせまい

力学台車のスピードが速いとき

点の間隔が広い

キログラム原器

[きろぐらむげんき]

質量1kgの基準として世界的に使用されていた金属製の円柱。これの1/2スケールのレプリカが教材販売会社で売られている。

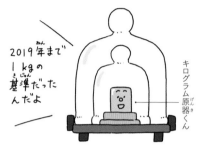

2019年まで1kgの基準だったんだよ

キログラム原器くん

金属

[きんぞく]

電気や熱を通しやすく、磨くとキラキラになり、力をかけると薄く延ばしたりできる物質。例えば、金や銀、銅、鉄、アルミニウムなど。

しゅわ

金属球膨張試験器

[きんぞくきゅうぼうちょうしけんき]

加熱したときの金属の体積変化を学ぶための器具。実験前の金属球は輪っかを通るのに、炎で熱すると輪っかを通らな

なる。すごくシンプルだが「熱した金属は体積が大きくなる」ことが一目でわかる。
→体積

ボクは真ちゅう※でできてるよ

金属球膨張試験器くん

※銅と亜鉛の合金

金属球膨張試験器を使った実験

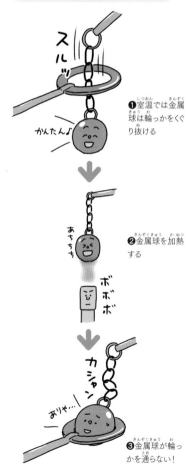

スルッ

かんたん♪

❶室温では金属球は輪っかをくぐり抜ける

あちちち

❷金属球を加熱する

ボボボ

カシャン

あれ…

❸金属球が輪っかを通らない!

金属球膨張試験器

空気

[くうき]

地球の表面を覆っている透明で無味無
臭の気体。空気は窒素や酸素、アルゴン
（貴ガスの1つ）、二酸化炭素などからでき
ている。

その他0.1%
（二酸化炭素
など）

アルゴン0.9%

酸素21%

窒素78%

空気の成分

空気砲

[くうきほう]

科学おもちゃの1つ。段ボールの横に穴
を開けたものが一般的。中に煙を充満さ
せて、段ボールを横からバンとたたくとド
ーナツ状の煙が飛び出して非常に楽しい。
煙を作るには、以前は線香の煙やドライ
アイスを用いることが多かったが、最近で
はスモークマシンを用いる学校も増えて
いる。

→スモークマシン

茎

[くき]

植物の体のパーツの1つ。根の上から花
や葉のつけ根までの部分を指し、植物の
体を支えている部分。葉や花、実などを
付けたり、根が吸収した水や葉が作った
栄養の通り道でもある。土の中で発達す
る茎は地下茎と呼ばれる。
→維管束、切り花着色剤

くだもの電池

[くだものでんち]

くだものと2種類の金属を用いた電池。
例えばレモンを半分に切り、その断面に
銅と亜鉛の板を刺す。そして電子メロディ
とつなげば音が鳴る。レモンの数を増や
したり、くだものを変えてみてもおもしろい。
ちなみに実験に使ったくだものは金属が
溶け出しているので食べてはいけない。

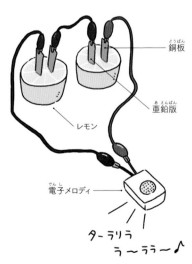

雲を作る実験

[くもをつくるじっけん]

雲ができるしくみを再現する実験。丸底フラスコの中に線香の煙を入れておき、つないだ注射器を引くと、温度が下がって内部が白くくもる（雲ができる）というもの。雲ができるにはチリなどの細かい粒が必要で、その役割を線香の煙が果たしている。

丸底フラスコ

線香

注射器

もくもく

❶丸底フラスコの内側をぬらし、線香の煙を入れる

❷丸底フラスコに注射器をつなぐ

❸注射器を引くと、フラスコ内に雲ができる！

〈炭酸キーパーを使ったお手軽バージョン〉

❶ペットボトルの中にアルコールを吹きつける

❷炭酸キーパーを付けて20回くらいシュポシュポする

❸炭酸キーパーを外すと雲ができる！

クラブ活動の用具

[くらぶかつどうのようぐ]

理科室を拠点としたクラブ活動の用具や備品。基本的には理科クラブやサイエンスクラブが多いが、学校によっては将棋部やボードゲーム部などが理科室を活動場所としていることも。そのため、理科に関係のない将棋盤やオセロなどが理科室の棚にこっそり入っていることがある。

場所かりてまーす

オセロくん　将棋のコマくん

どうぞどうぞ

クラブ活動の用具

クルックス管

[くるっくすかん]

電極を取り付けたガラス製の装置で、内部は真空になっている。内部に十字の板があるものや蛍光板が取り付けられたもの、の羽根車入りのものなど、さまざまなタイプがある。蛍光板のあるクルックス管を使えば陰極線を観察でき、磁石を近づけることで陰極線が磁力の影響を受けることも調べられる。

→陰極線

電圧がかかると
蛍光板に陰極線が見える

陰極線は磁力によって
影響を受ける

磁石

蛍光板　陰極線

マイナス極　　　　　プラス極

クルックス管くん

十字板

十字入りクルックス管
電圧をかけるとプラス極の方の壁に影がうつる

くるくる
くるくる

羽根車

羽根車入りクルックス管
電圧をかけると羽根車がプラス極の方に動く

軍手

[ぐんて]

手袋の1つ。丈夫で安い。加熱したり、ドライアイスを用いる実験などで装着する。液体窒素を使った実験では、軍手ではなく専用の手袋を使う。

軍手コンビ

あ
か
さ
た
な
は
ま
や
ら
わ

軍手コンビがおそれるもの

オレたちは軍手コンビ。
人間の手を守るのが
オレたちの役目だ

大体のものは
こわくねーぜ

熱いものも
大丈夫

ドライアイスも
つかめるし

ときには割れた
ガラスにさわることも
あるぜ

ただ…

ねえねえ

…今日は
どんな実験なの?

ススススス

光合成を
調べる実験
だよ

液体窒素くん

こいつは絶対に
さわっちゃいけない
んだぜ…

液体窒素の実験で軍手を使うと
手が凍傷になるからダメなんだ

軍手

血液

[けつえき]

全身にはりめぐらされた血管の中を通り、
酸素や栄養分などを細胞に運ぶ液体。

血液は、血しょうという液体成分と、赤血
球や白血球、血小板などの固体成分ででき
ている。顕微鏡でメダカの尾びれを見
ると、血液が流れているようすを観察でき
る。

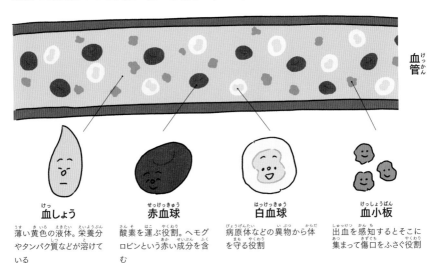

血管

血しょう
薄い黄色の液体。栄養分やタンパク質などが溶けている

赤血球
酸素を運ぶ役割。ヘモグロビンという赤い成分を含む

白血球
病原体などの異物から体を守る役割

血小板
出血を感知するとそこに集まって傷口をふさぐ役割

結晶

[けっしょう]

原子や分子の粒が規則正しく並んだ
状態の固体物質。塩化ナトリウム(食塩)
は立方体でミョウバンは八面体など、さま
ざまな形がある。ちなみに、ガラスは結晶
だと思われがちだが、構成する原子の並
びがばらばらな
ので結晶とはい
えない。
→原子、再結晶

結露

[けつろ]

空気中に含まれる水分(水蒸気)が冷や
されて水滴として付くこと。例えば、ガラス
のコップに冷たい水を注いだときや、寒い
日のお風呂の窓などで起きる。
→状態変化

さまざまな物質の結晶

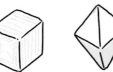

塩化ナトリウム　　　ミョウバン　　　硫酸銅　　　ホウ酸

血液

原子

[げんし]

物質を構成する、目に見えない小さな粒。水素原子や酸素原子など、さまざまな種類がある。原子はさらに細かくすると、陽子・中性子・電子の3種類の粒からできていて、この中でも陽子の数がその原子の性質に大きく関係する。

→分子

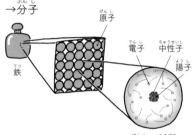

鉄
原子
電子　中性子
陽子
原子の構造

原子番号

[げんしばんごう]

原子に含まれる陽子の数を表したもの。例えば、水素は陽子が1個なので、原子番号は1。また、酸素は陽子が8個なので、原子番号は8となる。

元素

[げんそ]

原子の種類のことで、約120種類ある。元素はそれぞれ性質が違っていて非常におもしろい。ちなみに、原子番号93以降は地球上のものから発見したわけではなく、原子炉や粒子加速器などの特殊な実験施設で作り出されたもの。現在も新しい元素を作ろうと、世界中の科学者たちが研究を行っている。

元素周期表

[げんそしゅうきひょう]

元素を原子番号の順に並べた表。横列を「周期」、たて列を「族」と呼ぶ。この表の中で、似た性質の元素はたてに並ぶようになっている。例えば塩素（原子番号17）であれば、上にフッ素、下に臭素という元素が並んでいる。塩素はフッ素や臭素と似た性質を持っていることがわかる。

→ポスター

元素周期表

	1	2	3	4	5	6	7	8	9	10	11	12	13	14	15	16	17	18
1	1 H																	2 He
2	3 Li	4 Be											5 B	6 C	7 N	8 O	9 F	10 Ne
3	11 Na	12 Mg											13 Al	14 Si	15 P	16 S	17 Cl	18 Ar
4	19 K	20 Ca	21 Sc	22 Ti	23 V	24 Cr	25 Mn	26 Fe	27 Co	28 Ni	29 Cu	30 Zn	31 Ga	32 Ge	33 As	34 Se	35 Br	36 Kr
5	37 Rb	38 Sr	39 Y	40 Zr	41 Nb	42 Mo	43 Tc	44 Ru	45 Rh	46 Pd	47 Ag	48 Cd	49 In	50 Sn	51 Sb	52 Te	53 I	54 Xe
6	55 Cs	56 Ba	57~71 ランタノイド	72 Hf	73 Ta	74 W	75 Re	76 Os	77 Ir	78 Pt	79 Au	80 Hg	81 Tl	82 Pb	83 Bi	84 Po	85 At	86 Rn
7	87 Fr	88 Ra	89~103 アクチノイド	104 Rf	105 Db	106 Sg	107 Bh	108 Hs	109 Mt	110 Ds	111 Rg	112 Cn	113 Nh	114 Fl	115 Mc	116 Lv	117 Ts	118 Og

ランタノイド	57 La	58 Ce	59 Pr	60 Nd	61 Pm	62 Sm	63 Eu	64 Gd	65 Tb	66 Dy	67 Ho	68 Er	69 Tm	70 Yb	71 Lu
アクチノイド	89 Ac	90 Th	91 Pa	92 U	93 Np	94 Pu	95 Am	96 Cm	97 Bk	98 Cf	99 Es	100 Fm	101 Md	102 No	103 Lr

元素周期表

顕微鏡（光学顕微鏡）

[けんびきょう（こうがくけんびきょう）]

小さなものを大きく拡大して見るための器具。2種類のレンズが付いていて、レンズを替えることで拡大倍率を変えられる。細胞や花粉、水中の微生物などの観察に用いられる。
→双眼実体顕微鏡、プレパラート

コイル

[こいる]

リード線（導線）を同じ向きに何回も巻いたもの。コイルに電流を流すと、そのときだけ磁石になる（電磁石）。コイルに鉄の棒を入れると、電気を流したときの磁力はより強くなる。
→電磁石

← リード線
　　（導線）

コイル

顕微鏡の各部位の名前

接眼レンズ

鏡筒

ボクらを運ぶときは両手で持ってね〜

アーム

調節ねじ

レボルバー

ステージ

反射鏡

対物レンズ

顕微鏡チーム

おまたせ〜

プレパラート

顕微鏡の使い方

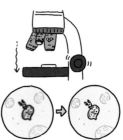

スッ

ぐいーピタ

❶プレパラートをステージにセットする

❷対物レンズをプレパラートにできるだけ近づける

❸プレパラートから離していき、はっきり見えるところで止める

顕微鏡（光学顕微鏡）

光合成

[こうごうせい]

植物が光のエネルギーを使って栄養分を作るはたらき。主に葉にある葉緑体で、水と二酸化炭素からデンプンなどの栄養分を作る。実際にデンプンが作られたかはヨウ素デンプン反応で調べられる。光合成はすごく簡単なものに思えるが、実は非常に複雑な化学反応がいくつも絡み合っているので、しくみのすべては解明されていない。

→ヨウ素デンプン反応、葉緑体

考察

[こうさつ]

実験や観察の結果から何がわかったかを、道筋立てて考えたもの。例えば「沸騰しているときの泡を集めたら、水ができた」という実験結果がえられたとき「沸騰する泡の正体は、水が熱されて気体になったもの（水蒸気）である」が考察となる。考察は、実験前に立てた予想や考え（仮説）と比べてどうだったかかも書くことが重要。

→仮説、実験

あ
か
さ
た
な
は
ま
や
ら
わ

光合成のイメージ

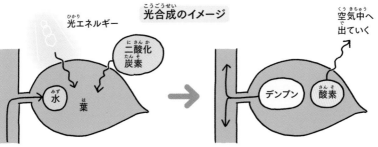

光エネルギー
二酸化炭素
水
葉
→
デンプン
酸素
空気中へ出ていく

光合成で作られるデンプンの検出

❶葉の一部をアルミホイルで包み、日光によく当てる

❷熱湯に30秒ほど葉を浸ける

❸あたためたエタノールで葉の色を抜く

❹葉は葉緑体がなくなって白色に！

❺ヨウ素液につけたあと、水洗いする

❻光合成をした部分はデンプンができたので、紫色に変色した！

鉱物

[こうぶつ]

自然の力によって長い年月をかけてできた固体物質で、岩石を構成する要素のこ

と。ダイヤモンドや岩塩、石英、ホタル石などさまざまな種類があり、現在は5900種類以上もの鉱物が知られている。
→岩石

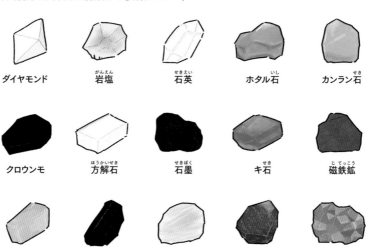

| ダイヤモンド | 岩塩 | 石英 | ホタル石 | カンラン石 |

| クロウンモ | 方解石 | 石墨 | キ石 | 磁鉄鉱 |

| チョウ石 | カクセン石 | 滑石 | コランダム | 黄銅鉱　など |

交流の周波数の違い

[こうりゅうのしゅうはすうのちがい]

交流とは、大きさと向きが一定時間ごとに変化する電流のことで、学校や家庭のコンセントから流れる電気はこのタイプ。交流の電流の向きが1秒間に変化する回数のことを周波数(単位はHz)という。西日本と東日本の発電所では使っている発電機が違うので、周波数が異なっている。記録タイマーの打点の回数が変わるのはこれが理由。
→記録タイマー

氷

[こおり]

水が固体になったもの。実験で温度を下げるときの冷却剤として用いる。また、氷になる温度や体積変化を調べるなど、氷そのものも観察対象になる。

電源の周波数

西日本
60Hz

東日本
50Hz

呼吸
[こきゅう]

体の外から酸素を取り入れ、体外に二酸化炭素を出すこと。動物だけでなく、植物も行っている。呼吸をしたあとの気体に二酸化炭素が多く含まれていることは、石灰水で調べられる。
→気孔、石灰水

子供の科学
[こどものかがく]

誠文堂新光社が出版している科学雑誌。1924年創刊。最新の科学情報や身のまわりにある科学、実験や工作、プログラミングや宇宙開発まで、盛り沢山の内容になっている。ビーカーくんが科学に関する場所を訪問する「ビーカーくんがゆく!」も連載中。理科室の科学図書として置いている学校もある。
→科学図書

骨格標本
[こっかくひょうほん]

骨格(体を支えたり内臓を守ったりする骨の集まり)の標本。理科室には動物の骨格標本が置かれていることがある。例えば、魚やカエル、ヘビなど。また、寄贈された変わった動物の骨格標本が展示されていることも。ちなみに人体骨格模型は実物ではないので骨格標本とは言わない。
→標本

ネズミの骨格

ヘビの骨格

カエルの骨格

フナの骨格

コニカルビーカー

[こにかるびーかー]

口が少し細くなったビーカー。「コニカル」は日本語で「円錐形の」という意味。口が細いので、振って中の液体を混ぜても外にこぼれにくいのが特長。

→ビーカー

中の液体が飛び散りにくいよ

ふりふり

コニカルビーカーくん

駒込ピペット

[こまごめぴぺっと]

少しの液体を吸い取って、他の場所に移すための器具。上に取り付けたゴム製のキャップをつまむことで、液体の吸う量を調整できる。金属の入った試験管に塩酸を加える実験や、プレパラートを作るときなどに活躍する。ちなみに、東京の駒込病院の院長がこのピペットを考案したことが名前の由来。

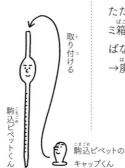

取り付ける

駒込ピペットくん

駒込ピペットのキャップくん

ゴミ箱

[ごみばこ]

理科室をキレイに使うために欠かせないもの。燃えるゴミ、プラスチックゴミ、ガラス、金属などいくつかに分けておく必要がある。ただし、使い終わった液体の薬品は、ゴミ箱ではなく廃液用タンクに回収しなければならない。

→廃液用タンク

駒込ピペットの使い方

❶へこませたキャップを少しずつ離して液体を吸い上げる

❷必要なぶん吸えたら別の容器に移動する

❸キャップを少しずつ押して液体を出す

危機一髪!!

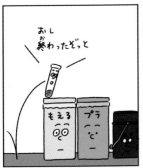

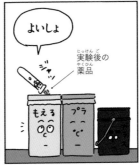

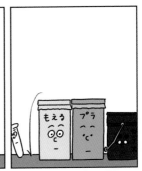

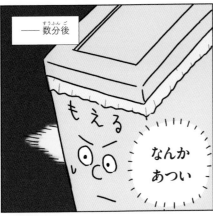

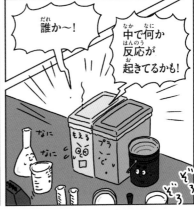

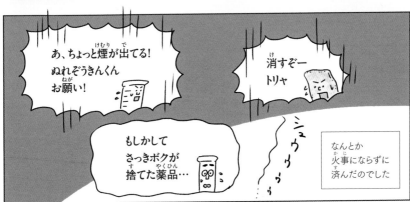

薬品は適切に
廃棄すること一!

ゴミ箱

ゴム管
[ごむかん]

柔軟性のあるゴム製のチューブ。気体を
作る実験でガラス管同士をつないだり、
吸引ろ過でアスピレーターと吸引ビンとを
つなぐときなどに用いる。ゴム管は長期間
使っていると劣化してヒビが入ったりする
ので、定期的に交換しなければならない。

→メンテナンス

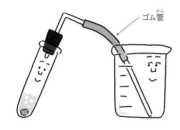

ゴム管

ゴム栓
[ごむせん]

試験管やフラスコを密閉するための器具。
素材は天然ゴムやシリコンゴムのもの(シ
リコン栓ともいう)が小中学校ではよく使
われているが、シリコンゴムの方が耐久

コルク栓
[こるくせん]

試験管やフラスコを密閉するための器具。
ゴム栓よりも密閉性は低いが、ゴムを溶か
してしまう液体を保管する場合にはコルク
栓を使う。

壊れた器具
[こわれたきぐ]

捨てられないまま、理科室や理科準備室
にひっそりと保管されている残念な器具。
小学校では理科専門の先生が少ないこ
とや、器具を廃棄する作業には時間も労
力もかかることが要因だと考えられる。理
科室の開けたことの無い引き出しなどに
入っていたりする。

→謎の引き出し

性は高い。ちなみに、ガラス管を通すため
の穴があいた穴あきゴム栓というのも売
られている。

→取れなくなっちゃった…

さまざまな栓たち

ゴム栓ボーイ　シリコン栓ちゃん　穴あき
ゴム栓さん　コルク栓くん

キュポン　キュポン　キュポン　スポン

混合物
[こんごうぶつ]

2種類以上の物質が混ざり合っていて、ろ過・蒸留・再結晶などの方法で分けることができるもの。例えば、食塩水（水と食塩）や牛乳（水、乳脂肪、タンパク質など）、空気（窒素、酸素など）など、身の回りにはさまざまな混合物がある。
→純物質

海水

オイル　石油

牛乳

昆虫
[こんちゅう]

節足動物（硬い殻に覆われ体や足に節がある動物）の1つ。昆虫の体は頭・むね・腹の3つに分かれ、むねに6本の足と羽が4枚付いている。昆虫は生物の中で最も種類が多く、確認されているだけで約100万種類存在する。理科室でカブトムシやバッタ、カマキリなどの昆虫を飼育している学校も多い。

昆虫じゃない
[こんちゅうじゃない]

なんとなく昆虫っぽいけど、昆虫ではないものたち。クモやダニ、ダンゴムシやムカデなど。

クモ　　　ダニ　　　ムカデ

昆虫のからだ

頭
むね
腹

トンボ

昆虫の例

カブトムシ　　　カマキリ

セミ　　　チョウ

ハチ　　　テントウムシ　　　など

昆虫じゃない

原器の役割終了の意味って?

・キログラム原器→P.59

「原器」とは、何かを決めるときの最高最上級の基準のこと。で、P.59で本人も言っているように、キログラム原器は2019年まで1kgの基準でした。ここで重要なのはこれが「でした」……つまり過去形であることです。ではいま、1kgの基準はいったい何でしょうか?

実はこの前年の2018年、世界中のさまざまな単位について決める国際度量衡総会の第26回で、単位(SI基本単位)の定義しなおしが決まり、これに従って2019年5月20日から新しい「キログラムの定義」が用いられることになりました。この新しい定義ではキログラム原器を用いません。つまりキログラム原器は、厳密な1kgを決める道具ではなくなったのです。

今あるさまざまな単位は、もともと自然物やできごと(自然現象)を基準にして決めていました。例えば長さの基準は地球のひと回りの長さ、温度の基準は水が凍ったり沸騰する温度という具合ですが、条件によって変化したり詳しい計測が難しいため、科学技術の進歩とともに基準にする人工物が作られるようになりました。これが原器で、他にもメートル原器が有名です。

技術がもっと進むと基準にもさらなる厳密さが必要になります。コンピュータの世界では1秒の数千万分の1のような時間単位が重要になり、技術の分野でも超短い間に何かが動く距離は? とか、ごくごくわずかな重さの変化は? といった厳密さが求められるようになりました。すると原器のような実体がある基準では、わずかな温度変化や物質的な変化(酸素がくっつくとか)でも無視できない狂いが生じます。そこで用いられたのが物理定数(人間が定めた数値)をもとにする方法です。

これまでほぼすべての単位が物理定数をもとにした基準に書き換えられてきて、kgが変わったいま、最後に残っているのは秒の基準だけです。人類の歴史では単位の基準書き換えは大きな発見によって進められ、すべてが変わったときには科学におけるものの見方がとてつもなく変化するとも言われています。キログラム原器が役目を終えたのはその大変化につながる、どきどきするような大事件だったのですね。

なお、現在の1kgの基準は、光の振動数(周波数)とエネルギーの比例関係をあらわすプランク定数という、量子論では重要ですがふだんの生活ではなじみのない定数です。

文：山村紳一郎

サーモインク

サーモインク

[さーもいんく]

示温インクともいう。温度が高くなると青色からピンク色に変わる性質を持つインク。液体のあたたまり方を調べる実験で用いられる。最初にサーモインクを水に混ぜて青色にしておいて、それを加熱して色の変化を観察する。あたためられた水は上に昇り、上から順に熱が伝わっていくことがわかる。

→対流

サーモインク

サーモインクを混ぜた水

ぬるタイプのサーモインク

水のあたたまり方を調べる実験

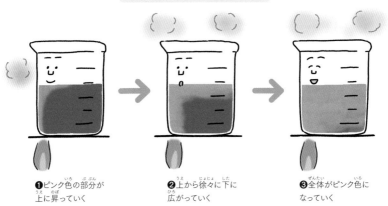

❶ピンク色の部分が上に昇っていく

❷上から徐々に下に広がっていく

❸全体がピンク色になっていく

再結晶

[さいけっしょう]

溶けていた物質が溶けきれずに出てくること。具体的には、ある固体物質を高温の水に溶かしてから、それを冷やしていく。すると溶けきれなくなった物質が純粋な結晶として出てくる。再結晶の方法には、温度を下げる以外にも、液体を蒸発させるという方法もある。

→蒸発皿、飽和水溶液、ミョウバン

再結晶

再結晶

サイフォン（サイホン）

[さいふぉん（さいほん）]

液体を一度高いところに上げてから低いところに移すための管、もしくはそのしくみ。

動力不要で水を移動させられるので便利。灯油ポンプなどにもこのしくみが利用されている。

→教訓茶碗

サイフォンで水を移動させる方法

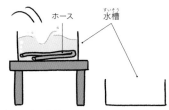

❶高い位置の水槽にホースを入れ、中の空気を抜く

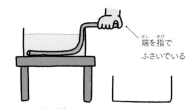

❷ホースの端を指で押さえて取り出す

端を指でふさいでいる

パッ

ジャアアアア

❸もう片方の水槽まで持っていき、手を離す

❹自動で水が移動する

細胞

[さいぼう]

生物の体を構成する基本の単位。1つ1つが部屋のようになっていて、その中に核やミトコンドリアなどさまざまなものが入っている。細胞は、生物の種類や体のどの場所にあるかによって大きさや形が異なる。また、植物の細胞には葉緑体や細胞壁があるなど、動物の細胞とは異なる部分が多い。

→染色液

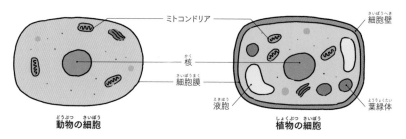

ミトコンドリア
細胞壁
核
細胞膜
液胞
葉緑体

動物の細胞　　　　　植物の細胞

再利用
[さいりよう]

実験に使用した薬品は回収して廃棄するのが基本だが、捨てずに再度利用できるものもある。

サーモインクを混ぜた水
同じ実験で再利用

食塩やミョウバンの飽和水溶液
再結晶の実験に利用

触媒として使った二酸化マンガン
洗って乾燥させ再利用

さび
[さび]

金属がゆっくりと酸化すること。酸化とは、酸素と結びつく化学反応のこと。さびは金属が酸素と接するときに起こり、水が触れているとより早く進行する。理科室では、古い薬さじやピンセットがさびていることがある
→酸素

さびたピンセット
さびた薬さじ

砂鉄
[さてつ]

岩石に含まれる磁鉄鉱という鉱物が、風に飛ばされたり水に削られたりしてできた細かい粒。砂鉄は磁石に引きつけられる性質を持つので、磁界を模様にして現す

実験に用いられる。また、スライムに砂鉄を混ぜて磁性スライム(磁石に反応するスライム)を作る実験にも用いられる。
→磁界

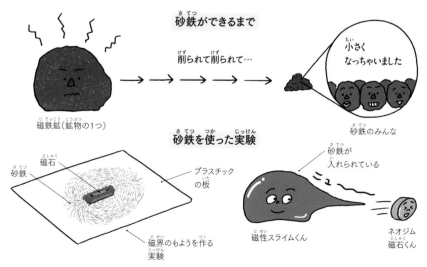

砂鉄ができるまで

削られて削られて…

小さくなっちゃいました

磁鉄鉱(鉱物の1つ)

砂鉄のみんな

砂鉄を使った実験

磁石
砂鉄
プラスチックの板

砂鉄が入れられている

磁界のもようを作る実験

磁性スライムくん

ニュ

ネオジム磁石くん

さび

作用・反作用の法則

[さよう・はんさようのほうそく]

———

ある力が物体に作用するとき、それと同じ大きさの力が反対向きに作用する（反作用）法則。例えば人が壁を押すとき、押す力と同じ力が手にもはたらく。作用の力と反作用の力は「それぞれ違う物体にはたらく」「同一線上」「同じ大きさ」である。

→ペットボトルロケット

人が壁を押すとき

作用　　　　反作用

壁に力をかけると、自分にも同じ力が同一線上にかかる

リトマス紙くんたちが作用・反作用の法則を体感

押すよ　は一い

トン

酸

[さん]

水溶液にしたときに酸性を示す物質。酸性の水溶液は、青色リトマス紙を赤色に、BTB溶液を緑色から黄色に変える。酸の例としては、塩酸や硫酸、酢酸などがある。
→アルカリ、pH指示薬、リトマス紙

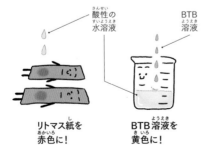

酸性の水溶液　　　BTB溶液

リトマス紙を赤色に！　　BTB溶液を黄色に！

三角フラスコ

[さんかくふらすこ]

横から見ると三角形で、底が平らになったフラスコ。発明者の名前にちなんで、エルレンマイヤーフラスコとも呼ばれる。中で液体を混ぜたり、液体を保管するのに用いられる。底の部分が弱く割れやすいため、加熱をしてはいけない。
→加熱とガラス器具、フラスコ

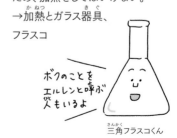

ボクのことをエルレンと呼ぶ人もいるよ

三角フラスコくん

思ってたのとちがう…

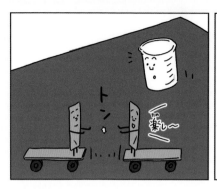

ビーカーくんとリトマス紙くんでは重さの差がありすぎたようです…

リトマス紙くんにわるいことしちゃったかな…

三角フラスコ

酸素

[さんそ]

無色無臭の気体。空気中の約21％を占める。動物が生きるために欠かせない気体でもある。酸素そのものは燃えないが、ものが燃えるのを助ける性質（助燃性）がある。物質に酸素がむすびつく化学反応を「酸化」といい、燃焼も酸化の1つである。
→呼吸、さび、燃焼

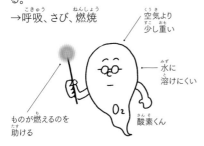

空気より
少し重い

水に
溶けにくい

ものが燃えるのを
助ける

酸素くん

磁界

[じかい]

磁石の力がはたらく空間。磁場ともいう。磁界ではたらく力は、磁石のN極からS極に流れる向きとなる。これは磁界の中に方位磁針を置いて調べることができる。また、砂鉄で磁界の模様を作る実験もよく行われる。
→砂鉄、方位磁針

磁界のイメージ

試験管

[しけんかん]

少量の液体で実験するための細長いガラス器具。口元がリング状に少し太くなっている部分は「リム」と呼ばれ、試験管の耐久性を高める効果がある。実験で発生させた気体を集めたり、細かい金属片と塩酸との反応を調べる実験など、さまざまな場面で活躍する。
→洗浄ブラシ（小さめ）

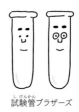

試験管ブラザーズ

試験管立て

[しけんかんたて]

試験管を立てておくための器具。木製や金属製、プラスチック製、立てられる数が多いタイプから少ないタイプまでさまざまな種類がある。並んでいる細長い棒は、洗った試験管を下向きに刺して乾燥させるためのもの。

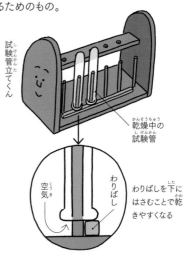

試験管立てくん

乾燥中の
試験管

空気

わりばし

わりばしを下に
はさむことで乾きやすくなる

試験管ばさみ

[しけんかんばさみ]

試験管を加熱するときに、試験管を持っておくための器具。はさみ部分のばねがゆるんでいないことを確認してから、試験管の口元の近くをはさむこと。

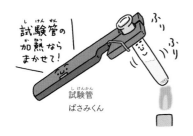

試験管の加熱ならまかせて！

試験管
ばさみくん

試験紙

[しけんし]

水溶液の性質や、特定の物質の有無を調べるための紙。pH試験紙やリトマス紙の他にもさまざまな種類がある。
→pH試験紙、リトマス紙

塩化コバルト紙
水がつくと青から赤に変わる

残留塩素試験紙
水溶液につけると色の変化によって塩素濃度がわかる

磁石

[じしゃく]

鉄やコバルト、ニッケルなどを引きつける性質をもつもの。使っている素材の違いによって、いくつか種類がある。N極とS極があり、違う極同士は引きつけ合い、同じ極同士は反発し合う。
→砂鉄、磁界、方位磁針

磁石の性質

鉄を引きつける

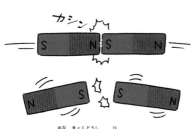

同じ極同士は引きつけ、
違う極同士は反発する

磁石の種類

フェライト磁石くん
最も一般的なもので値段もお手軽。酸化鉄が主な原料

アルニコ磁石くん
アルミニウム、ニッケル、コバルトが主な原料。磁力はフェライトとネオジムの中間

ネオジム磁石くん
非常に強力な磁石。自動車やパソコンなど、世の中でも広く活用されている

磁石

実験

[じっけん]

疑問を解消したり、仮説を検証するために行うこと。コントロールした条件のもとで、対象となる物体に起きる現象の記録や、数値の測定をする。仮説を立てて実験を行い、考察をするという流れが「理科を学ぶ」という意味において重要である。ただし「理科を楽しむ」という意味では、仮説は置いといて、目の前の現象の不思議さに触れるというのも実験の重要な役割である。

→仮説、考察、楽しい実験

実験中は立つ

[じっけんちゅうはたつ]

実験をするときのルールの1つ。もしもトラブルが起きたときに瞬時に動けるようにし

ておく必要があるので、実験中はイスを実験机の下に入れておく。ただし、顕微鏡で観察するときや、こまかな作業を長時間するときは座って行う方が好ましい。

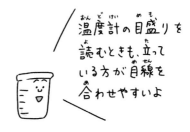

温度計の目盛りを読むときも、立っている方が目線を合わせやすいよ

実験机

[じっけんづくえ]

実験台ともいう。生徒たちが実験を行うための机で、流し台が備え付けられているタイプが多い。机の下には教科書などを入れられるスペースがある。

→隠し蛇口、忘れられた教科書やノート

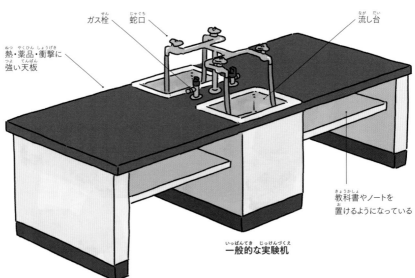

ガス栓　蛇口　流し台

熱・薬品・衝撃に強い天板

教科書やノートを置けるようになっている

一般的な実験机

実験用ガスコンロ

[じっけんようがすこんろ]

加熱器具の1つ。着火や火力調節が簡単で、倒れることがないので安全性も高い。

また、上のごとくを外せば試験管の加熱も可能。これらの特長から、現在は実験用ガスコンロが加熱器具の主流となっている。

→アルコールランプ

あ
か
さ
た
な
は
ま
や
ら
わ

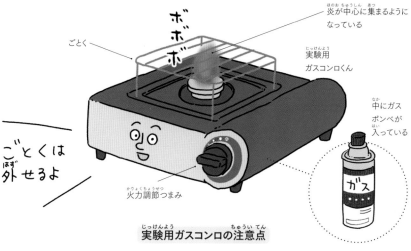

ボ、ボ、ボ

炎が中心に集まるようになっている

ごとく

実験用ガスコンロくん

中にガスボンベが入っている

ガス

ごとくは外せるよ

火力調節つまみ

実験用ガスコンロの注意点

片づけよう

まだ熱いよ！

消火後すぐにさわってはいけない

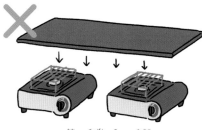

ガスコンロよりも大きい鉄板を乗せて加熱してはいけない。
鉄板の熱でガスボンベが爆発するおそれがある！

失敗

[しっぱい]

理科室で起きる悲しいことの1つ。薬品をこぼした、プレパラートを作るときにカバーガラスが割れた、洗浄ブラシで試験管を突き破ってしまったなど。

よっこらしょっと

あ〜っまだフタしてない

薬品

ジャバババ

失敗

質量

[しつりょう]

物体そのものの量で、動かしにくさの度合い。「重さ(重量)」と似ているが違う。「重さ」は物体にかかる重力の大きさなので、重力の異なる場所(例えば月など)へ行くと変化するが、「質量」はどこに行っても変化しない。例えば、ピンポン玉と大きな鉄球が宇宙船で浮いているとき、2つとも手に乗せても重さは感じないが、動かそうとすると鉄球の方が大きな力が必要になる。
→重さ

**無重力状態(重さ0)での
ピンポン球と鉄球の動き**

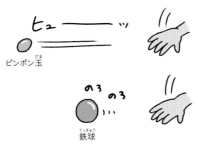

ヒューッ

ピンポン玉

のろ
のろ

鉄球

重さが0でも質量が大きい物体は動かしにくい!!

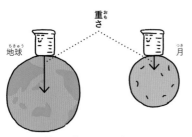

重さ

地球　　　　月

**重さは場所によって変わるが
質量はどこでも変わらない**

質量保存の法則

[しつりょうほぞんのほうそく]

化学反応の前と後で、反応にかかわる物質の合計質量は変化しないという法則。ただし、核融合や核分裂など、質量がエネルギーに変わるような場合にはこの法則は成り立たない。

**質量保存の法則が体感できる
実験(イメージ)**

薄い塩酸

石灰石

100g

**❶反応前
(反応装置の全体の質量が100g)**

二酸化炭素が
発生!!

コテン

100g

**❷反応後
(反応しても質量は変わっていない)**

プ
シュッ

100g

**❸フタを開けると、
二酸化炭素が抜けて軽くなる**

質量保存の法則

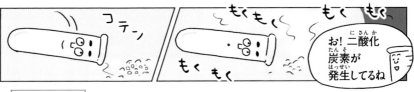

フタをしてたら
同じ質量になるよ

質量保存の法則

してはいけない

[してはいけない]

事故やケガにつながる危険な行為。実験器具や機器の使用方法、薬品の取り扱い方などに、さまざまな「してはいけない」

がある。それを守らなかったことが原因で、器具の破裂や爆発、火災、感電などが過去に起きてしまった事例もある。先生の指示はきっちり守り、原理やしくみを理解した上で実験や観察をすることが大切。
→安全第一、理科室のルール

薬品を素手でさわったりなめたりしてはいけない
（皮膚や舌の損傷のおそれ）

日光をルーペで見てはいけない
（失明のおそれ）

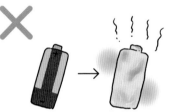

アルミホイルで乾電池を包んではいけない
（発熱や爆発のおそれ）

ドライアイスや液体窒素を密閉してはいけない
（破裂のおそれ）

加熱器具の近くに燃えやすいものを置いてはいけない
（火災のおそれ）

加熱中の試験管をのぞいてはいけない
（突沸によるやけどのおそれ）

シャーレ

[しゃーれ]

主に生物実験や化学実験に用いる器具。考案者の名前にちなんでペトリ皿とも呼ばれる。種子の発芽実験や、ツルグレン装置での生き物の回収、食塩水の乾燥などで用いられる。大学や研究施設では主に微生物の培養に用いられる。
→発芽、ツルグレン装置

シャーレ男爵
シャーレのフタくん

大きさの違う2つがセットになっていて大きい方がフタになる

蛇口に付けられた細いゴム管

[じゃぐちにつけられたほそいごむかん]

実験机の流し台の蛇口に取り付けられているホース。ホースがある理由は、流しで水がとびちりにくくするというのが1つ。もう1つの理由は、実験中に薬品が顔に飛んだり目に入ったりしたときに、ホースを曲げて顔や目に直接水を当てて流せるようにするため。
→もしものときの対応

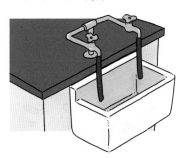

試薬ビン

[しやくびん]

薬品を保存しておくための器具。液体薬品用の細口タイプと、固体薬品用の広口タイプがある。どちらもフタがセットになっているが、強く締めすぎて取れなくなることがある。そんなときは口元をあたためたり、木槌で少しずつたたいて取る。
→取れなくなっちゃった…

この固体の薬品が取り出しやすいよ

液体が蒸発しにくいよ

広口タイプ
試薬ビンくん

細口タイプ
試薬ビンくん

遮光カーテン

[しゃこうかーてん]

理科室に設置されている、外からの光をほとんど通さなくするカーテン。暗幕ともいう。余計な光を入れないことで、プリズムを使った実験や月の満ち欠けを再現する実験などがスムーズに進められる。

遮光プレート

[しゃこうぷれーと]

日食のときなど、太陽を観察するときに使う器具。遮光板ともいう。日光の中の目に有害な光（紫外線や赤外線など）を、ほとんど通さなくすることができる。
→日光、日食

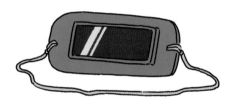

太陽を観察するときの正しい方法は？

○	×	×	×
遮光プレート	直接見る	黒い下じき	サングラス

遮光プレート以外は目を痛めちゃうよ！

シャボン玉液

[しゃぼんだまえき]

シャボン玉を作るための液体。台所洗剤を水で薄めて作ることもできる。ドライアイスを入れた水槽にシャボン玉を浮かべる実験や、口元にシャボン玉液を塗った試験管を握って温度と体積の変化を見る実験などで活躍する。

→ドライアイス

シャボン玉液を使った実験の例

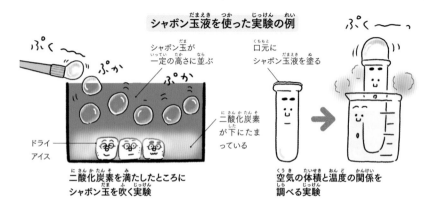

ぷく

シャボン玉が一定の高さに並ぶ

ぷか

ぷか

ドライアイス

二酸化炭素が下にたまっている

二酸化炭素を満たしたところにシャボン玉を吹く実験

口元にシャボン玉液を塗る

ぷく～っ

空気の体積と温度の関係を調べる実験

もう夜?

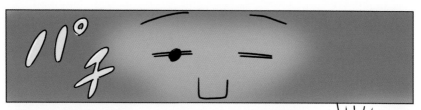

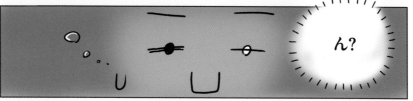

ん?

暗いな…
もう夜?

え… にしても
まっ暗すぎる。
あれ?
声は聞こえる…

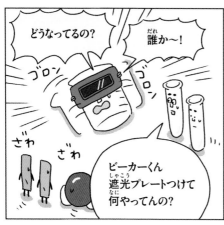

どうなってるの?

誰か〜!

ゴロン

ゴロン

ざわ ざわ

ビーカーくん
遮光プレートつけて
何やってんの?

あ、そっか

遮光プレート
つけて昼寝
してたんだった

ズコーッ

遮光プレートをつけると
まっ暗になるよ

シャボン玉液

集気ビン

[しゅうきびん]

気体を中に集めるための器具。フタは、ガラスの円板状のものと持ち手の付いた金属製のものがある。集気ビンは、発生させた気体を集めるだけでなく、燃焼さじやろうそくなどを用いた実験でも活用される。

→気体を作る実験、底なし集気ビン

ガラス製だよ

金属製だよ

集気ビンくん　フタくんたち

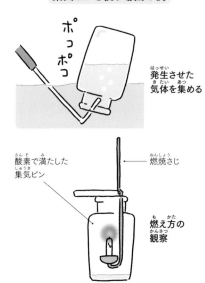

ポっポっ

発生させた気体を集める

酸素で満たした集気ビン

燃焼さじ

燃え方の観察

重心

[じゅうしん]

物体の重さの中心の点。重心を支えればその物体全体を傾くことなく支えることができる。

重心

修理できるものは修理して使う

[しゅうりできるものはしゅうりしてつかう]

実験器具や設備を長く使うための考え方。例えば、上下移動ができなくなったろうと台にクリップを取り付けたり、ほんの少し欠けた駒込ピペットの先端をバーナーで加熱して滑らかにするなど。各学校の先生がさまざまな工夫をされている。

→メンテナンス・点検

クリップで修理されたろうと台くん

重力

[じゅうりょく]

地球が、地球上の全ての物体を地球の中心に引きつける力。物が下に落ちるのは重力がはたらいているから。ちなみに月ではたらく重力は地球の1/6で、太陽ではたらく重力は地球の28倍。

→重さ

種子

[しゅし]

植物が子孫を残すためのもので、単に種ともいう。多くの植物が種子を作るが、種子ではなく胞子で増える植物もある。種子には、風で飛ばされるタイプ、動物にくっついて運ばれるタイプなど、いくつか種類があり、それぞれに適した形状になっている。

→発芽、花、マツボックリ

種子の断面

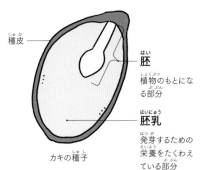

種皮

胚
植物のもとになる部分

胚乳
発芽するための栄養をたくわえている部分

カキの種子

さまざまな種子と散らばり方

風で飛ばされるタイプ

タンポポ　　　　マツ　　　　イロハカエデ　など

はじけて飛び出るタイプ

ホウセンカ　　　　スミレ　　　　カタバミ　など

動物にくっついて運ばれるタイプ

センダングサ　　　オナモミ　など

動物が食べてフンとして散らばるタイプ

スイカ　など

種子

純物質

[じゅんぶっしつ]

1種類の物質だけでできているもの。混合物とは違って、ろ過・蒸留・再結晶などの方法で2つ以上の物質に分けられない。酸素や鉄、水やエタノールなど。
→混合物

消火器

[しょうかき]

火災が発生したときに用いる設備で、理科室のすみや廊下に設置されている。普通火災、油火災、電気火災に対応しているABC消火器というタイプがよく用いられる。万が一に備えて消火器の設置場所を事前にチェックしておこう。

→ぞうきん

消火用の砂

[しょうかようのすな]

「消火用」と書かれた赤いバケツに入れられている砂。アルミニウムやマグネシウムが原因の金属火災が起きたとき、酸素を遮断するために用いられる。

ボクを金属火災に使うと炎を広げるおそれがあるんだ…

消火用の砂

消火器くん

蒸散

[じょうさん]

植物の気孔から水蒸気が外に出ること。根が水分や養分を吸いやすくなったり、植物内の水分量をほぼ一定にするなどの効果がある。気温が高かったり日差しが強いと蒸散はさかんになる。
→気孔、ワセリン

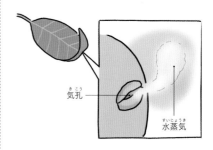

気孔

水蒸気

蒸散を調べる実験

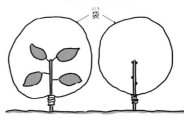

袋

❶葉のついたものと葉を取ったものに袋をかぶせる

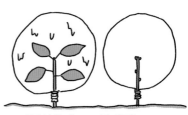

❷数時間後、葉のある方に水滴がついた！
（蒸散によって葉から水蒸気が出た）

純物質

状態変化
[じょうたいへんか]

温度や圧力が変化することで、物質の状態（固体・液体・気体）が変化すること。化学変化とは違い、物質そのものは変化せずあくまで状態が変化するだけ。例えば、水があたためられて水蒸気になるのは状態変化の1つで、水という物質自体は変わっていない。
→化学反応（化学変化）

あ
か
さ
た
な
は
ま
や
ら
わ

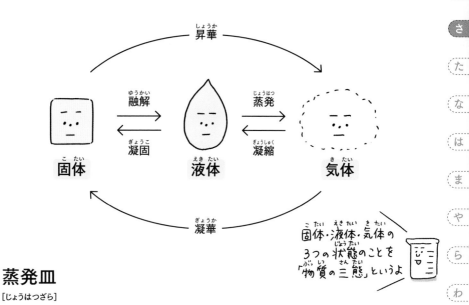

昇華

融解　　　蒸発

凝固　　　凝縮

固体　　　**液体**　　　**気体**

凝華

固体・液体・気体の
3つの状態のことを
「物質の三態」というよ

蒸発皿
[じょうはつざら]

液体を蒸発させて、溶けていた固体物質を取り出すための器具。加熱が可能。例えば蒸発皿に食塩水を入れて加熱すると水分が蒸発し、溶けていた食塩だけを取り出すことができる。この操作は蒸発乾固とも呼び、再結晶の1つである。
→再結晶

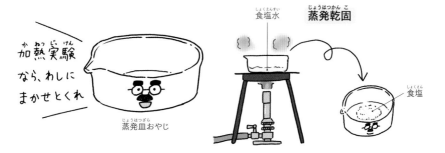

加熱実験
なら、わしに
まかせとくれ

蒸発皿おやじ

食塩水　　**蒸発乾固**

食塩

蒸発皿

蒸発と沸騰の違い
[じょうはつとふっとうのちがい]

一見、同じように感じるかもしれないが異なる。蒸発は「液体の表面」から気体に変化することで、沸騰は「液体の内部からも」気体になる変化が起きること。なお、液体が沸騰する温度のことを沸点という。

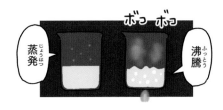

蒸留
[じょうりゅう]

混合物を分ける方法の1つ。物質の沸点（沸騰する温度）の差を利用する。例えば、

水とエタノールが溶け合ったものを加熱していくと、沸点が低いエタノールが先に蒸気になる。その蒸気を集めて冷やせば液体のエタノールだけを取り出すことができる。
→混合物、ワインの蒸留

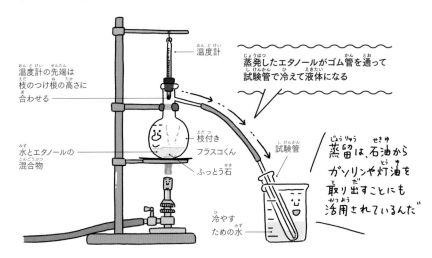

温度計

温度計の先端は枝のつけ根の高さに合わせる

水とエタノールの混合物

枝付きフラスコくん

ふっとう石

試験管

蒸発したエタノールがゴム管を通って試験管で冷えて液体になる

冷やすための水

蒸留は、石油からガソリンや灯油を取り出すことにも活用されているんだ

触媒
[しょくばい]

自分自身は変化せずに化学反応を早めるお助け物質。例えば過酸化水素から酸素を発生させる実験の二酸化マンガンがそれに該当する。

しーん…

二酸化マンガン（触媒）がないと反応が全然進まない…

シリカゲル

[しりかげる]

二酸化ケイ素という物質が主成分の半透明の粒。主に乾燥剤として使用される。青色なのは配合成分の塩化コバルトによるもので、水分とくっつくと青色からピンク色に変わる。

→デシケーター

水分
カモン!

もう水分は
ムリ〜

シリカゲルくん
たち

進化する器具

[しんかするきぐ]

昔に比べて機能がアップした器具や、新たに開発された実験器具。より安全で手軽に実験ができたり、これまでにできなかった実験が可能になっている。その一方で、昔ながらの実験器具が消えつつあるのが少し寂しくも感じる…。

約30cm

センサー内蔵

デジタル百葉箱
気象センサーが自動で測定し、データをサーバーに保存

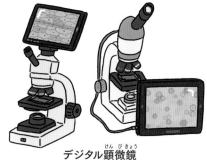

デジタル顕微鏡
タブレットにつなげて、何人かで同時に観察することができて便利

ガン

割れない蒸発皿
急激な温度変化や衝撃に強い!

デジタル気体測定器
酸素や二酸化炭素の濃度を、センサーで読み取って測定できる

シャアアア

ピピピ…

コレ

力学台車

デジタル記録タイマー
センサーで速度を読み取る。記録テープは不要

進化する器具

真空

[しんくう]

物質が何も無い空間。ただし、現実の世界で完全な真空を作ることは不可能。そのため、空気を抜いて大気圧よりも低い圧力にした状態、つまり空気の薄い状態を真空と呼ぶことが多い。昔は真空ポンプと排気盤というやや大掛かりな装置で真空を再現していたが、最近は容器とポンプがセットになった簡易的な真空再現容器が使われることが多い。
→大気圧、マグデブルク半球

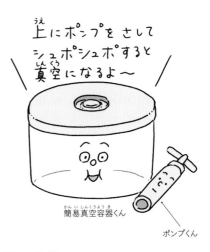

上にポンプをさしてシュポシュポすると真空になるよ～

簡易真空容器くん

ポンプくん

簡易真空容器を用いた実験

❶マシュマロを入れてポンプを上下させる

❷中の空気が減ってマシュマロがふくらんだ!!

❸上のボタンを押すと元通り!

人工いくら

[じんこういくら]

化学反応を利用して作る偽物のいくら。着色したアルギン酸ナトリウムと塩化カルシウム水溶液を用いて作ることができる。この方法から味付けや食感を進化させた人工いくらは実際に売られていて、一般人が食べただけでは本物と見分けがつかないと言われている。

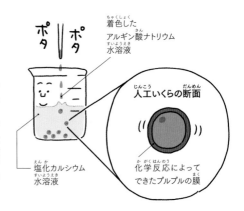

着色したアルギン酸ナトリウム水溶液

ポタ　ポタ

人工いくらの断面

塩化カルシウム水溶液

化学反応によってできたプルプルの膜

見えないよ〜①

※圧力が下がると100℃以下でも沸騰する

水蒸気でくもっちゃった…

人工いくら

人体模型

[じんたいもけい]

大きく分けて、人体解剖模型と人体骨格模型の2種類がある。解剖模型は内臓の形や位置関係を学ぶためのもので、骨格模型は骨の付き方や形、長さなどを学ぶためのもの。「理科室といえばこれらの模型がある教室」とイメージする人も多いが、怖がられることもあるので普段は後ろを向けて置かれている学校もある。
→値段が高い器具

ヒョイ

人体骨格模型くん

人体解剖模型くん

こわがらないでね〜

あ、肝臓が落ちちゃった

ポロッ

振動反応

[しんどうはんのう]

水溶液の色が付いたり消えたりする、もしくは色が周期的に変化する反応。最初の反応でできた物質が別の反応を起こし、それがまた別の反応を起こすという形で連鎖し、最初の反応に必要な物質が再びできあがる。そして、また最初の反応が始まるというしくみ。
パッと色が変わるのは非常に不思議で魅了されてしまう。

反応にかかわる物質が消費されたら、反応はいずれ終わるよ

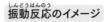

振動反応のイメージ

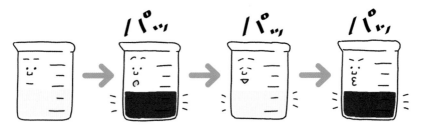

パッ　パッ　パッ

人体模型

水圧

[すいあつ]

水が、水中にある物体を押す圧力。水圧は物体のすべての面に垂直にはたらく。

また、深いところほど水圧は高くなる。これはペットボトルに水を入れて、高さの異なる3ケ所に穴を開けてみるとわかる。
→圧力、浮力

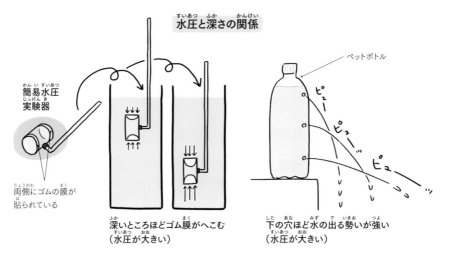

水圧と深さの関係

簡易水圧
実験器

両側にゴムの膜が
貼られている

深いところほどゴム膜がへこむ
（水圧が大きい）

ペットボトル

ピュー

ピュー

ピュー

下の穴ほど水の出る勢いが強い
（水圧が大きい）

水酸化ナトリウム

[すいさんかなとりうむ]

白色の粒状の薬品で、苛性ソーダともいう。水に非常に溶けやすく、溶けるときに激しく発熱する。また、水酸化ナトリウムの水溶液は強いアルカリ性を示すので取り扱いには注意。
→アルカリ、保護メガネ

水蒸気

[すいじょうき]

蒸発して気体になった水。気体なので透明で見えない。湯気と混同されがちだが

異なる。例えば、沸騰した水が入ったやかんの場合、口のすぐ近くの透明なところが水蒸気（気体）で、その先の白い部分が湯気（液体）である。また、水を沸騰させたとき、水の中からぼこぼこ大きな泡が出るが、この泡の正体は水蒸気である。
→湯気

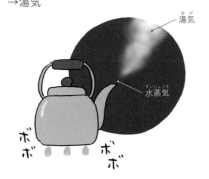

湯気

水蒸気

ボ

ボ

ボ

水蒸気

水素

[すいそ]

無色無臭の気体。気体の中で最も軽く、可燃性がある。水素を発生させる実験のあと水素ができたかどうかを確認するときは、必ず試験管に取ってからその口元に火を近付けなければならない。これを守らずに発生装置のガラス管に直接火をつけてしまい爆発が起きる事例も多い。
→爆鳴気

可燃性
水に溶けにくい
空気より非常に軽い
水素くん

水素を発生させる実験

水上置換法

薄い塩酸
亜鉛

確認方法

ポン

2本目の試験管を使う

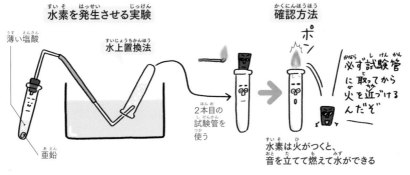

必ず試験管に取ってから火を近づけるんだぞ

水素は火がつくと、音を立てて燃えて水ができる

水槽

[すいそう]

水をためて実験したり、生物を飼育するための容器。理科室の窓際に置かれ、メダカや金魚の飼育、オオカナダモなどの水草の生育に使われる。

→メダカ

水槽くんたち

スイッチ

[すいっち]

開閉器ともいう。電気回路をつなげたり切ったり、または切り替えたりする電気器具。回路を組んだあと、つなぎ方に問題がないか、ショート回路になってないかなどを確認してからスイッチを入れよう。

→回路

いきまーす
カチャン
スイッチくん

水溶液

[すいようえき]

水に物質(固体・液体・気体)が溶けて、透明で均一になったもの。例えば、食塩水は食塩(固体)の水溶液、炭酸水は二酸化炭素(気体)の水溶液である。なお、溶かした物質(食塩水の場合なら食塩)は溶質、溶かし込んだ液体を溶媒と呼ぶ。
→溶解

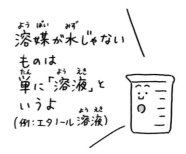

溶媒が水じゃないものは単に「溶液」というよ
(例:エタノール溶液)

スケッチ

[すけっち]

観察の記録として残す絵や図。スケッチをすることは、植物や生き物の形を細かく観察する能力向上にもつながる。単に写実的に描くのではなく、その対象となるものを見たことがない人にも特徴が伝わるように描くことが重要。

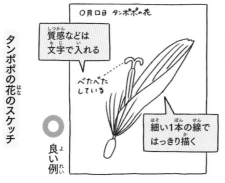

タンポポの花のスケッチ

0月口日 タンポポの花

質感などは文字で入れる

べたべたしている

細い1本の線ではっきり描く

○ 良い例

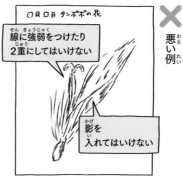

0月口日 タンポポの花

線に強弱をつけたり2重にしてはいけない

影を入れてはいけない

× 悪い例

スターラー

[すたーらー]

液体を混ぜるための装置。マグネチックスターラーともいう。先生が事前に薬品を用意するときに使うことがある。スターラーバーとセットで使うことで、自動で液体を混ぜ続けることができる。時間をかけて何かを溶かすときや、密閉しながら混ぜたいときなどに便利。

→スターラーバー

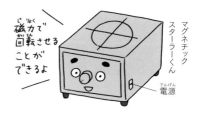

磁力で回転させることができるよ

マグネチックスターラーくん

電源

スターラーバー

[すたーらーばー]

攪拌子や回転子ともいう。スターラーとセットで用いる。スターラーバーをスターラー

ーに乗せてスイッチを入れると回転するようになっている。スターラーバーは形、大きさ、磁力の強さなどによってさまざまな種類がある。

→スターラー、紛失

くるくるくる

スターラーバー回転中!!

マグネチックスターラーくん

スターラーバーの種類

シリンダー型 底が平らな容器に最適	**ラグビーボール型** 底が丸い容器に最適
強力磁石型 とろみが強い液体に最適	5mmでーす **マイクロ型** 試験管などに最適

など

スタンド

[すたんど]

器具を必要な高さに固定したり、複数の器具を組み合わせて使用するときに使う支柱。気体を作る実験や蒸留実験、アンモニア噴水実験などで活躍する。縁の下の力持ち的存在。

→両手で持つ

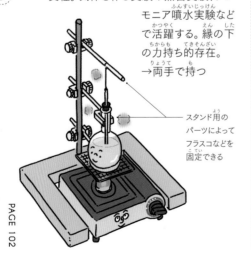

スタンド用のパーツによってフラスコなどを固定できる

スチールウール

[すちーるうーる]

鉄が主成分の金属を細く削り出し、ウール（羊毛）状に加工したもの。本来は鍋やフライパンなどの汚れやさびを落とすために使用されるが、理科の実験では燃焼実験や塩酸との反応を調べる実験などに用いられる。

→燃焼

燃焼すると重くなる

燃焼前	燃焼中	燃焼後
スチールウールくん	スチールウールおじさん	スチールウールじいさん

素手はダメ
[すではだめ]

特定の実験をするときのルールの1つ。加熱された器具、ドライアイス、危険性の高い薬品を扱うときは、火傷・凍傷・薬傷などを起こさないために、軍手やゴム手袋など、それぞれに適したものを着用しなければならない。

やけどしちゃうよ〜!

加熱実験中の空き缶くん

凍傷になっちゃうよ!

ドライアイスくん

汚れが付いてボクの重さが変わっちゃうよ〜

分銅くん

ストーブ
[すとーぶ]

暖房器具の1つ。理科室では「もののあたたまり方」を学ぶときに活用されることがある。室内のさまざまな場所の温度をはかることで、ストーブであたためられた空気がどのように動いていくのかを知ることができる。
→対流

ストーブくん

ストップウォッチ
[すとっぷうぉっち]

経過時間をはかることができる時計。振り子の実験や刺激に関する実験を行うときに用いる。刺激の実験とは、手を握られたら隣の人の手を握っていき、全員に伝わるまでの時間をはかるというもの。これによって刺激に対する人の反応時間がわかる。
→振り子

刺激に対する反応時間を調べる実験

ストップウォッチ

ストップウォッチ

ストロー

[すとろー]

本来は飲み物を飲むときに使う道具。理科ではサイフォンの再現やストロー笛などの科学おもちゃの工作に使われる。中でも最も活用されるのは静電気の実験。ストローをティッシュでよくこすると静電気が発生するので、それを使えば細かく切った紙屑や細く流した水道水などを動かすことができる。

→静電気

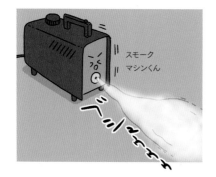

ススス

静電気に
引きよせられる
水

スモークマシン

[すもーくましん]

人工的に煙を作り出す装置。専用の液体を熱して霧状に噴出するしくみ。あたためられた空気の動きや、直進する光の観察、空気砲などに用いられる。

→空気砲、対流、光

スモーク
マシンくん

スライドガラス

[すらいどがらす]

顕微鏡で観察するときに必要な、長方形の薄いガラス板。カバーガラスとセットで用いる。表面がツルッとした一般的なタイプ以外にもいくつかの種類がある。スライドガラスは汚れやキズがひどくなければ洗って再利用することが可能。

→カバーガラス、プレパラート

スライドガラスの種類

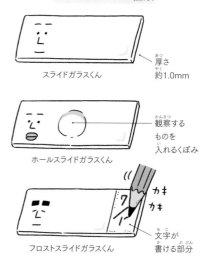

スライドガラスくん

厚さ
約1.0mm

ホールスライドガラスくん

観察する
ものを
入れるくぼみ

フロストスライドガラスくん

カキ
カキ

文字が
書ける部分

スライド黒板

[すらいどこくばん]

2面のボードを上下に入れ替えることができる黒板。書いた内容を上にずらせば、理科室のうしろの方からでも簡単に見ることができるので便利（実験中は立って作業している生徒が多く、低い部分は見づらいことがある）。

見えないよ〜②

今からレーザーの光が直進するのを見てみよう

はーーい

よし
スモークマシンくん
よろしく

オッケーだどん

ウィイイイ

ブォオオォォ

スイッチオン

ビビビ

ウィイイイ

ブォオオォ

光がまっすぐ進んでるのがわかるよ

すごーい

おおお

見やすーい

ウィイイイ

ブォオオォ

煙があることで
…ゴホゴホ

あれ？

!?

ビーカーくん？

ウィイイイ

ブォオオォ

スモークマシンくん
ゴホゴホ
もう煙は
ゴホゴホ

大丈夫？

光は見えてる…も

煙があることで
光が見えやすくなるよ…

スライド黒板

星座早見盤

[せいざはやみばん]

星座の位置を調べるための器具。外側にある「日付」と「時刻」の目盛りを合わせ

時刻の目盛り　　　　　　　　　　日付の目盛り

まど
見られる星座がのっている

惑星は星座の動きと違うから、早見盤にはのってないよ

観測する方角に合わせて空にかかげることで、空に見えている星座を調べることができる。その反対に、見たい星座を早見盤から探してそれがいつ見られるかを調べることもできる。

星座の調べ方

例:7月25日22時に南の空を見る場合

❶時刻の目盛りを回して7月25日の日付に合わせる

あれは…
いて座か!

❷早見盤の南の方角を下に向けた状態で空にかかげて、南の空と見比べる

静置

[せいち]

器具や装置をそのままの状態にして時間をおくこと。ペットボトルで地層を作る実験やミョウバンの結晶を作る実験など、時間をかける必要があるときに行う(「行う」と言っても実際には何もしないのだが……)。ただし、勝手に動かされることがあるので「実験中」と貼り紙をしておこう。
→貼り紙

ミョウバンの結晶づくり中
さわらないで

発泡スチロール容器くん

静電気
[せいでんき]

同じ場所にとどまっていて流れない電気。下敷きと髪の毛のように、異なる物体同士をこすると発生する（摩擦帯電）。また、テープやラップなどを貼り合わせて、それを剥がすときにも静電気が発生する（剥離帯電）。なお、冬場にドアノブでバチッとなるのは、体に溜まった静電気がドアノブに流れる（放電する）から。
→帯電、箔検電器、ライデン瓶

異なるもの同士をこすると静電気が生まれる

静電気は通り道ができると流れていく

ガムテープで静電気の光を見る実験

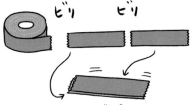

❶ガムテープを貼り合わせる

❷暗い部屋で一気にはがす
（静電気以外のしくみもはたらくことで発光する）

生徒の作品
[せいとのさくひん]

理科室を華やかにするものの1つ。理科の授業や夏休みの自由研究、科学クラブの活動などで制作され、理科室の壁や廊下に貼られていることが多い。具体的には、実験結果をまとめたレポートやスケッチ、身近な草花の標本、さらには生徒手作りの科学新聞などがある。

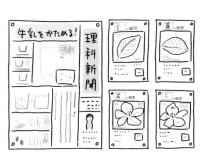

生物

[せいぶつ]

科学の分野の1つ。理科を構成するものの1つでもある。生物(動物・植物・菌類・細菌など)そのものの構造やしくみ、生命現象などが学びの対象となる。学習範囲には人体も含まれるため、最も身近な学問とも言える。

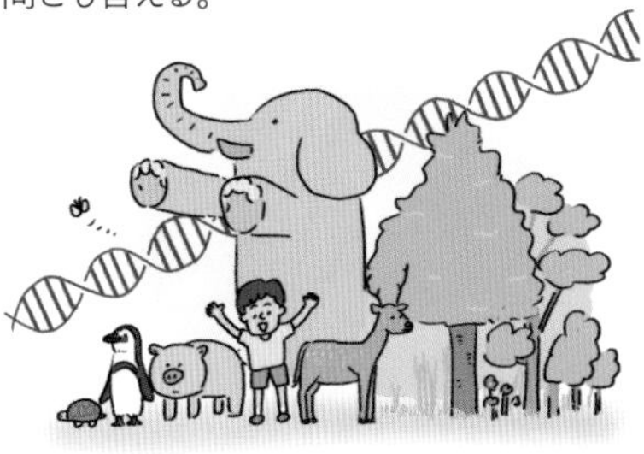

整理整頓

[せいりせいとん]

理科室を気持ちよく、そして効率的に使う上で重要なこと。実験や観察で使った器具は、必ず元の場所へ戻すことが大切。器具や装置がキレイに収納されることで、破損や汚れ、紛失などに気付きやすくなる。

→ラベル

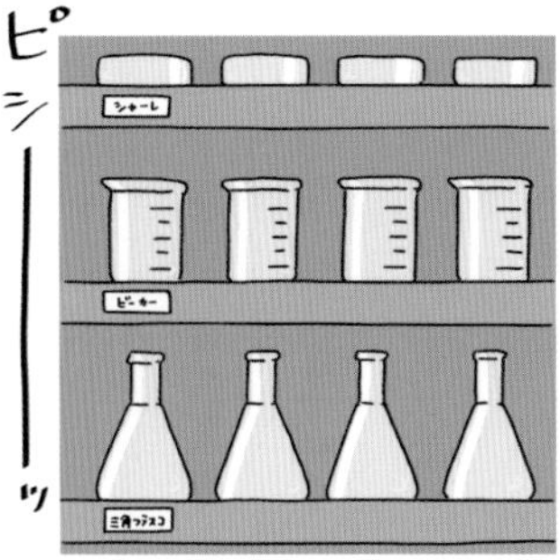
ピシーッ
シャーレ
ビーカー
三角フラスコ

石灰水

[せっかいすい]

水酸化カルシウムという物質の水溶液。アルカリ性。二酸化炭素と反応すると水に溶けにくい成分ができて白く濁る。その性質を利用して、ろうそくが燃えたあとの空気と反応させたり、植物の呼吸のはたらきを調べるときなどに使用される。

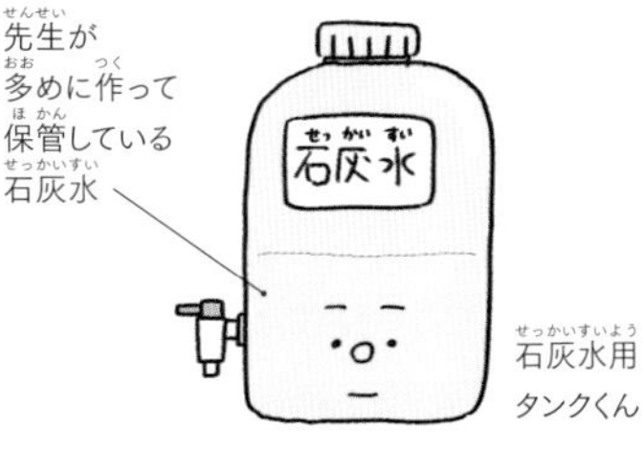
先生が
多めに作って
保管している
石灰水
石灰水
石灰水用
タンクくん

石灰水が使われるときの例

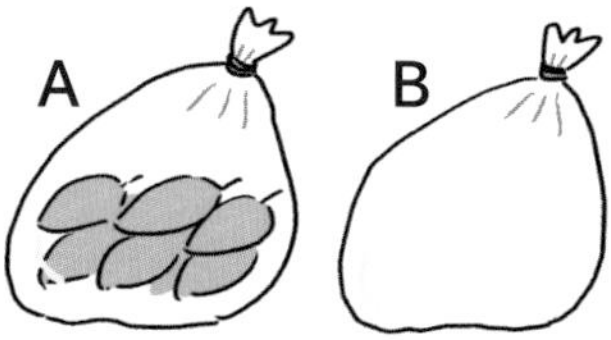
A
B

❶葉を入れたAと何も入れていないBを、暗い場所に数時間おく

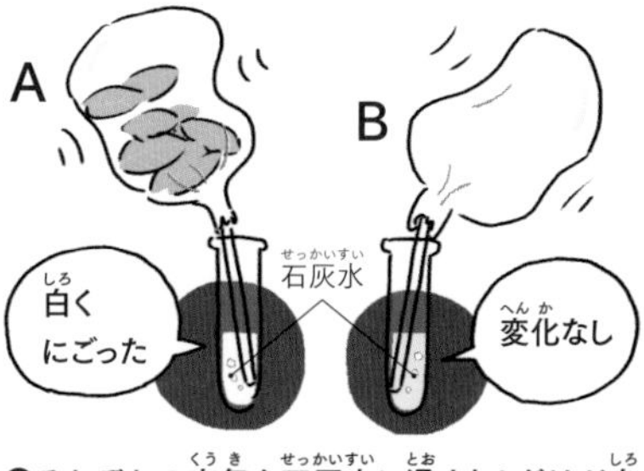
A
B
石灰水
白く
にごった
変化なし

❷それぞれの空気を石灰水に通すとAだけが白くにごる

↓

葉から二酸化炭素が出たことを表している(植物の呼吸)

洗浄ブラシ（大きめ）

[せんじょうぶらし（おおきめ）]

———

主にビーカーやフラスコを洗うときに使う
ブラシ。金属製の細い棒をネジネジした
持ち手の先に毛が付いていて、一番先端
にはちょんまげのような毛の束があるタイ
プが一般的。これらの毛によって、側面を
洗いながら底面の汚れも落とすことがで
きる。

洗浄ブラシ（小さめ）

[せんじょうぶらし（ちいさめ）]

———

主に試験管を洗うときに使うブラシ。基
本的な構造は大きめのブラシと同じだが、
小さめの方は毛が短くなっている。また、
先端のちょんまげ部分が無いタイプもある。
洗うときはブラシの持つ場所を調整して、
試験管の底を突き破らないように慎重に
行わなければならない。

いつもキレイに
してくれて
ありがとう

どういたしまして

洗浄
ブラシくん（大）

洗浄
ブラシくん（小）

染色液

[せんしょくえき]

———

細胞の一部（核など）を染めることができ
る液体。顕微鏡観察のときに使用するこ

とで、細胞の細かな構造が見やすくなる。
酢酸カーミン液（赤色）、酢酸オルセイン
液（赤紫色）、酢酸ダーリア液（青紫色）な
どがある。
→細胞

タマネギの細胞の染色

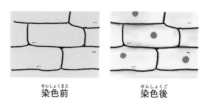

染色前　　　　　　　染色後

先生の手作り

[せんせいのてづくり]

———

身近なものを材料にして作る教材や科学
おもちゃ。木の板と釘で作ったろうそく立
てや、プラスチックコップでできた水の染
み込み方観察器、ペットボトルと風船で
作る肺の模型など。

水の染み込み方
観察器

ろうそく立て

肺の模型

ぷくー

引く

全反射

[ぜんはんしゃ]

光の屈折が起きずに、すべての光が反射すること。例えば、水の中から外の空気に向かって光を出したとき、真下から光を当てると空気中に光が出てくる。しかし、光の角度をずらして水面近くから斜めに当てると、光は空気中には出ていかずすべて水の内側に反射する(全反射)ようになる。
→光の屈折、光の反射

全反射の実験

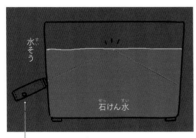

水そう

石けん水

レーザーポインター(光源)

洗ビン

[せんびん]

洗浄ビンともいう。柔らかめのプラスチック製で、細いノズルがついたボトル。洗ビ

ボクらは
およびじゃない
ようだね〜

プレパラート

ンの中に蒸留水を入れておいて、ガラス器具を洗剤で洗ったあとのすすぎに用いる。ボトルをぎゅっと握ることで中の水をピューッと出せる。

すぐよ〜

洗ビンくん

双眼実体顕微鏡

[そうがんじったいけんびきょう]

観察したいものをそのままの状態で観察できる顕微鏡。一般的な顕微鏡よりも拡大できる倍率は低いがプレパラートは不要で、しかも両目で立体的な観察ができるという特長がある。岩石や鉱物、花や種子、メダカの卵などの観察によく用いられる。また、小型で持ち運びやすく雨にも強い屋外使用可能タイプもある。
→顕微鏡(光学顕微鏡)

双眼実体顕微鏡の各部位の名前

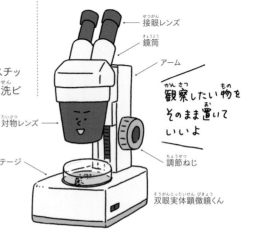

接眼レンズ

鏡筒

アーム

対物レンズ

観察したい物を
そのまま置いて
いいよ

調節ねじ

ステージ

双眼実体顕微鏡くん

ぞうきん

[ぞうきん]

———

加熱実験のときに濡らした状態で実験机の上に置いておく。これは初期消火に備えるため。実験中、もしも器具以外のものに火が付いてしまったときには、焦らずに濡れぞうきんをかぶせて火を消し、燃え広がらないようにしよう。

→安全第一

もしものときに備えるぞうきんくん

走性

[そうせい]

———

生き物が外からの刺激を受けたとき、決まった方向に体を移動させる反応。蛾のような昆虫が光に集まってくることも走性の1つ。たらいにメダカを入れて、ガラス棒で水を一定の向きにくるくる混ぜると、その流れに逆らう向きでメダカが泳ぐ。これは流れ走性と呼ばれる。

→メダカ

メダカの走性を調べる実験

ガラス棒　流れの向き

メダカは流れと逆に泳ぐ

底なし集気ビン

[そこなししゅうきびん]

———

底面が無い集気ビン。ものの燃え方を学ぶときにろうそくにかぶせて用いることが多い。粘土とセットで使用することで、空気の通り道があるときと無いときの比較ができる。

→えんとつ効果、集気ビン

ボクってただのいただき集気ビンに見えますが…

そこ底がないんでーす♪

底なし集気ビンくん

底なし集気ビンによるものの燃え方を調べる実験

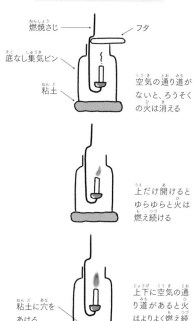

燃焼さじ　フタ

底なし集気ビン

粘土

空気の通り道がないと、ろうそくの火は消える

上だけ開けるとゆらゆらと火は燃え続ける

粘土に穴をあける

上下に空気の通り道があると火はよりよく燃え続ける

走性…?

ガラスの音がすると
反応してしまうんだ…

サイコーに楽しい双眼実体顕微鏡

・双眼実体顕微鏡→P.110

顕微鏡大好き人間を自称し顕微鏡の本も書いている身としては、双眼実体顕微鏡のお話をせずにはいられません。本文にもあるように「ものをそのままの状態で拡大観察できる顕微鏡」ですが、ふつうの顕微鏡（光学顕微鏡）とは大きく異なる……誤解を恐れずに言えば「まったく別」の道具です（どっちも大好きです）。顕微鏡ですから「大きく見える」のですが、双眼実体顕微鏡は立体に見えて実体感が拡大され、ふつうの顕微鏡とは別の感動があります。

言うなら、拡大して見ている感じよりも、自分が小さくなって観察物にめちゃめちゃ近づいた感じ。例えば花の内側を観察すると、自分がアリになって花の内部に迷い込んだ気分です。アリジゴクとかを観察した日には、腰が抜けそうにビビります。なんたってアリになってますので（アリジゴクの主食はアリじゃ！）。いや、なにもアリにならなくてもよいので、ナナホシテントウとかだといいかな（それでもアリジゴクの顔つきは怖いっすよ）。『不思議の国のアリス』に出てくる体が小さくなる薬のようです（ドラえもんのスモールライトのほうがわかり

やすいか）。

さらに双眼実体顕微鏡は、見たいものがあればすぐに手軽にお気軽にのぞける点がすばらしい。顕微鏡観察用のプレパラートは、作るのはとても楽しいですが少し（かなり）めんどくさい。いきおい観察のチャンスをのがしかねません。ところが双眼実体なら見たいものをポンとステージにのせるだけ（正確には「そっと」ですが）。ミクロ世界に瞬間ワープです。

さらに屋外用として設計されたタイプの双眼実体顕微鏡なら、フィールドで観察物に近づいてのぞくだけで、これまで見ていたはずのものが別の姿を見せます。この威力は絶大で、アンリ・ファーブルのように草むらに座って何日でも過ごせそう（それほど見るものがいっぱいある！）。自分的には体長数mmのハムシやハナムグリ（いずれも小さな甲虫）の美しさにどえらく感動し、その後、ずっと彼らに会うために公園や草むらで遊んでいます（その姿は怪しいけど）。むろん、実験で作った結晶などを観察するなど実験室でも活躍しています（ごま粒サイズ結晶でもでっかい！）。

文：山村紳一郎

大気圧
[たいきあつ]

地球の周囲の空気(大気)が物体におよぼす圧力。単に気圧ともいう。単位はヘクトパスカル(hPa)。大気圧は標高によって異なり、気象状況によっても変化する。

帯電
[たいでん]

物体が電気を帯びること。プラスとマイナスの2種類の帯電がある。例えば髪の毛と下敷きをこすり合わせて静電気を発生させる場合、髪の毛はプラス、下敷きはマイナスに帯電する。プラスかマイナス、どちらの帯電になるかは物体の材質と組み合わせによって決まる。
→静電気

電気の性質

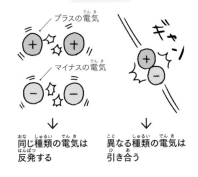

同じ種類の電気は反発する　　異なる種類の電気は引き合う

体積
[たいせき]

物体の立体的な大きさ。体積をはかる器具としてはメスシリンダーやメスフラスコなどがある。単位はミリリットル(mL)や立方センチメートル(cm³)などが使われる。
→メスシリンダー

大きいものほど早く沈むことから、海底では下から、れき、砂、泥の順に堆積する。
→地層、泥

堆積
[たいせき]

流れる水によって運ばれた砂や泥などが、川の下流や海底に積み重なること。粒の

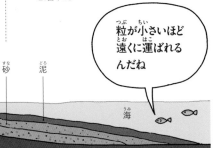

粒が小さいほど遠くに運ばれるんだね

れき(小石)　砂　泥
海
〈堆積のイメージ〉

台ばかり
[だいばかり]

重さをはかる器具の1つ。上の台に物を置くと、内蔵されているバネが伸び縮みしてその変化を正面の針が回転して表すしくみ。上限を超えた物を置いたり力をかけ過ぎると壊れてしまうので注意。

薬品など、少ない量をはかるのは向いてないよ

台ばかりさん

対流
[たいりゅう]

熱の伝わり方の1つ。液体の内部で部分ごとに温度が異なるとき、その液体の中で流れが生まれる。その流れによって熱が伝わっていくことを対流という。高温の部分は上に昇り、低温の部分は下に流れるように移動する。なお、対流は液体だけでなく気体でも起きる。
→サーモインク、伝導、放射

あたためられた液体は上へ昇っていく

あたためられた空気（気体）も上へ昇っていく

だ液
[だえき]

一般的には「つば」ともいう。だ液腺という場所で作られて口の中に分泌される消化液。アミラーゼという成分によってデンプンを分解するのが主なはたらき。他に「食べ物を飲み込みやすくする」「口の中の細菌増殖を抑える」などのはたらきもある。

だ液によるデンプンの分解実験

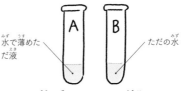

水で薄めただ液　　ただの水

❶上の図のようなA、Bを用意する

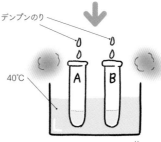

デンプンのり

40℃

❷A、Bにデンプンのりを入れて湯につける

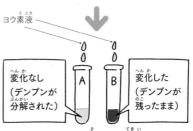

ヨウ素液

変化なし（デンプンが分解された）　　変化した（デンプンが残ったまま）

❸A、Bにヨウ素を2、3滴入れて色の変化を見る

だ液

脱脂綿

[だっしめん]

綿を加工して、ある程度の大きさにまとめたもの。柔らかくて水をよく吸うという特長があり、医療現場でよく使われる。理科室では、種子の発芽実験やものの燃焼実験、さらには試験管にゆるくフタをしたいときにも活躍する。
→種子、発芽

どんな形にもなれるぞい

脱脂綿さん

脱脂綿が活やくする場面

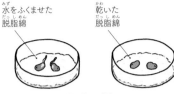

水をふくませた脱脂綿　　乾いた脱脂綿

発芽実験の土台として

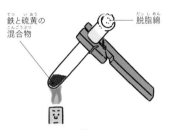

鉄と硫黄の混合物　　脱脂綿

ゆるく栓をしたいときに
（密閉すると破れつなどの危険性があるとき）

楽しい実験

[たのしいじっけん]

教科書には載っていないような実験。学ぶというよりも、その現象の不思議さに触れて楽しむのが目的となる。理科室での実験に慣れるために行われることもある。

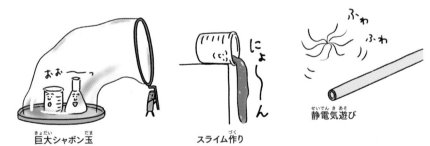

おおーっ

巨大シャボン玉

にょ～ん

スライム作り

ふわ
ふわ

静電気遊び

ぷく
ぷく

紫キャベツ液と重そうでミニ火山噴火

パァァァァ

夕やけを再現する実験

楽しい実験のはずが…

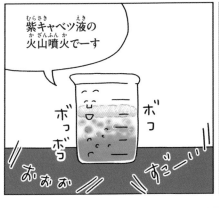

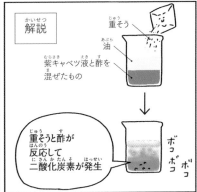

重そうの入れ過ぎ注意!!

タブレット学習
[たぶれっとがくしゅう]

タブレット型端末を活用した学習方法。

理科室では、実験のようすを撮影したり、実験データをまとめたりするときに使われる。
→進化する器具

タブレットが使われる場面

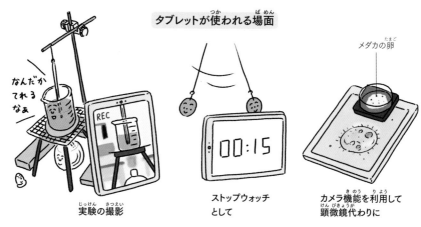

なんだかてれるなぁ

REC

00:15

メダカの卵

実験の撮影

ストップウォッチとして

カメラ機能を利用して顕微鏡代わりに

たらい
[たらい]

水やお湯を入れるための円形の容器。理科室にあるものは透明でプラスチック製のものが多い。中に水を溜めて、発生させた気体を集めたり、メダカの動きの観察などに用いられる。
→気体の集め方、走性

積み木をいくつか縦に積んで、下から木槌で打って落としていく。高速で打てば上の積み木が真下に落ちて打った積み木だけが横に飛び出す。この遊びからは、慣性の法則を見てとることができる。やってみると結構楽しい。
→科学おもちゃ、慣性の法則

丸型水そうとも呼ばれるよ

たらいくん

だるま落とし
[だるまおとし]

昔からあるおもちゃの1つ。同じ大きさの

スコン

シャーッ

あ
か
さ
た
な
は
ま
や
ら
わ

単位

[たんい]

量を数値で表すための基準となるもの。例えば、長さにはメートル（m）やセンチメートル（cm）などの単位があるが、もしもこれらが無ければ長さを正確に他人に伝えたり記録をすることが難しくなる。実験結果をノートに記録するときは、数値だけでなく単位も合わせて書くことが重要である。

→キログラム原器

主な単位と単位記号

〈長さ〉

ナノメートル	[nm]	センチメートル	[cm]
マイクロメートル	[μm]	メートル	[m]
ミリメートル	[mm]	キロメートル	[km]

1nm $\xrightarrow{\times 1000}$ 1μm $\xrightarrow{\times 1000}$ 1mm $\xrightarrow{\times 10}$ 1cm $\xrightarrow{\times 100}$ 1m $\xrightarrow{\times 1000}$ 1km

〈質量〉

ミリグラム	[mg]
グラム	[g]
キログラム	[kg]
トン	[t]

1mg $\xrightarrow{\times 1000}$ 1g $\xrightarrow{\times 1000}$ 1kg $\xrightarrow{\times 1000}$ 1t

〈力（重さ）〉

ニュートン	[N]

〈圧力〉

パスカル	[Pa]
ヘクトパスカル	[hPa]

1Pa $\xrightarrow{\times 100}$ 1hPa

〈密度〉

グラム毎立方センチメートル	[g/cm^3]

〈電圧〉

ボルト	[V]

〈電流〉

アンペア	[A]

〈電気抵抗〉

オーム	[Ω]

いろんなのがあるんだね〜

単位

炭酸水素ナトリウム

[たんさんすいそなとりうむ]

白色の粉末の薬品。重そうともいう。水に少し溶けて、弱いアルカリ性を示す。二酸化炭素を作る実験や、カルメ焼きの実験で用いられる。またパンケーキに必要なベーキングパウダーの成分でもある。
→カルメ焼き、二酸化炭素

地学

[ちがく]

科学の分野の1つ。理科を構成するものの1つでもある。地球そのものの成り立ちや構造、地球を形づくる物質（岩石・鉱物など）、気象、海洋、天体や宇宙などが学びの対象となる。

単体

[たんたい]

1種類の原子からできている物質。水素

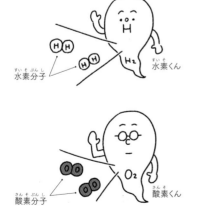

水素分子

水素くん

酸素分子

酸素くん

（H_2）や酸素（O_2）のように分子からなるものと、鉄（Fe）や銅（Cu）などのように原子が規則正しく配列してできたものがある。
→化合物

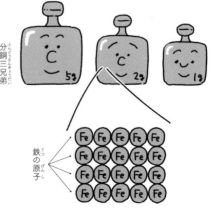

分銅三兄弟

鉄の原子

地層

[ちそう]

水によって運ばれた砂や泥などが、海底
や湖の底などに堆積した層。多くは大昔
にできたものをいう。地層は水平に積み
重なり、基本的には下の層ほど古く、上の
層ほど新しい。場所によっては、火山活
動や地震などによって地層が地表に出て
いる場所がある。その地層を観察するこ
とで、付近の大地がどのようにしてできた
かを推測できる。
→堆積

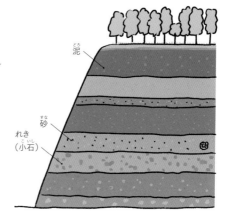

泥

砂

れき
(小石)

地層の模型

[ちそうのもけい]

地層の構造を理解するための
模型。一部分を取り外せるの
で、地層の重なりやどのように
広がっているかを立体的に見
ることができる。理科室の展示
物として飾られていることが多
い。似た模型に、地質構造模
型や火山模型などがある。
→展示コーナー

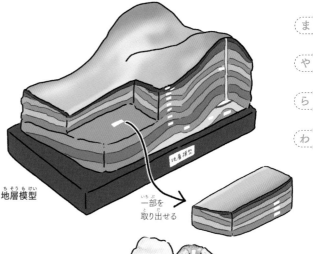

地層模型

一部を
取り出せる

地質構造模型

火山模型

地層の模型

地層を作る実験

[ちそうをつくるじっけん]

———

ペットボトルに水と砂、泥などを入れて混ぜて静置する実験。時間が経つと、粒の大きなものは底に、小さな粒のものは上の方に堆積し、層状になることがわかる。

→静置、堆積、地層、泥

半分くらい水が入った
ペットボトル

砂　泥

れき
（小石）

❶上のものを用意する

シャカ
シャカ
シャカ
シャカ

さわるな

❷れき、砂、泥をペットボトルに入れて振ったあと、静置する

下のものほど
粒が大きいよ

小
大

❸地層ができた!

窒素

[ちっそ]

無色無臭の気体。空気中の約78％を占める。窒素そのものに毒性はないが、窒素濃度が高い（酸素が少ない）と呼吸ができなくなり、命にかかわる。「窒息」という言葉は窒素が由来となっている。

→液体窒素

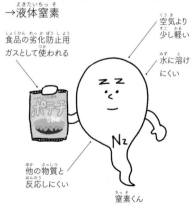

空気より
少し軽い

水に溶け
にくい

食品の劣化防止用
ガスとして使われる

N_2

他の物質と
反応しにくい

窒素くん

チャッカマン

[ちゃっかまん]

株式会社東海が販売している商品。ろうそくやガスバーナーなどの加熱器具に火を灯すために使用される。一般名称としてはガスマッチや電子マッチ、点火棒などと呼ばれる。火をつけて消したあと、棒の先端は熱いのでさわってはいけない。

→マッチ

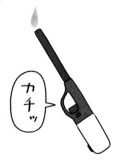

カ
チ
ッ

中性

[ちゅうせい]

―――

水溶液の性質が酸性でもアルカリ性でもない状態。pH 7のこと。例えば水や食塩水、牛乳など。

→ピーエッチ(pH)

中和

[ちゅうわ]

―――

中和反応ともいう。酸性の水溶液とアルカリ性の水溶液が反応し、お互いの性質を打ち消し合うこと。なお、中和反応を利用して水溶液の濃度を求める操作を中和滴定と呼ぶ。

→塩、pH指示薬

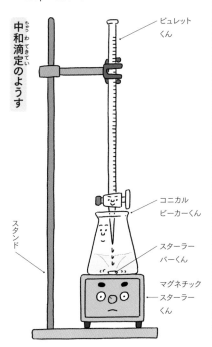

中和滴定のようす

ビュレットくん

スタンド

コニカルビーカーくん

スターラーバーくん

マグネチックスターラーくん

超音波

[ちょうおんぱ]

―――

人の耳には聞こえないほどの高い音のこと。そもそも、音はふるえが物体を伝わったもので、ふるえる回数が多いほど高くなる。1秒間に20000回を超えると、人には聞こえない音(超音波)になる。

→音の性質

世の中における超音波の利用

魚群探知機

キィーッ

自動車の安全センサー

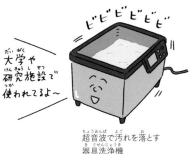

ビビビビビビ

大学や研究施設で使われてるよ～

超音波で汚れを落とす器具洗浄機

沈殿物

[ちんでんぶつ]

―――

水溶液中での化学反応によって、容器の底に発生する固体の物質。例えば、石灰水に息を吹き込むと白く濁るが、これは反応によって白い沈澱(炭酸カルシウム)ができたから。

→石灰水

使われなくなった器具

[つかわれなくなったきぐ]

理科の学習範囲の変更などの理由で、今はほとんど使われていない器具。捨てられずに理科室や理科準備室にひっそりと保管されていることがある。
→謎の引き出し

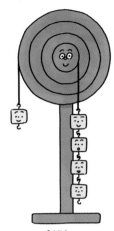

輪軸さん
滑車を組み合わせた器具。小さな力で重いものを持ち上げられるしくみ

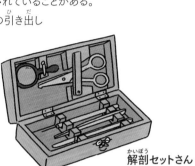

解剖セットさん
解剖に必要なメスやピンセットなどが入っている

排気鐘さんと排気盤さん
真空ポンプにつなぐことで中を真空にすることができる

アルコールランプくん
P.21参照

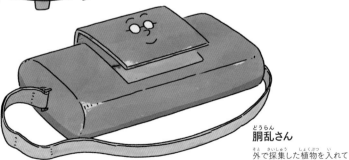

胴乱さん
外で採集した植物を入れて持ち運ぶためのもの

トレーニング

理科準備室の器具たちの
トレーニングは続く——

ボクらはあきらめないぞ〜

〜〜〜　使われなくなった器具

月の満ち欠け

[つきのみちかけ]

月の形が毎日変化して見えること。月の明るい部分は太陽の光を反射していて、地球のまわりを約1ヶ月かけて公転する。それによって太陽・地球・月の位置関係が変わるので、地球から見た月の明るい部分の形も毎日変わる。

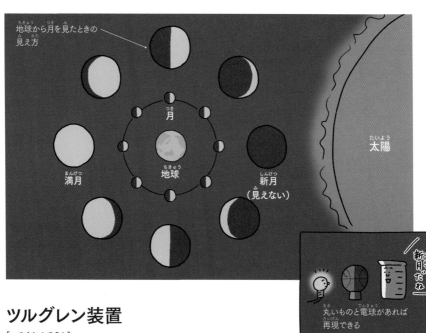

地球から月を見たときの見え方

月

満月

地球

新月（見えない）

太陽

新月だね

丸いものと電球があれば再現できる

ツルグレン装置

[つるぐれんそうち]

土の中にいる小さな生き物を集める装置。電灯の光や熱、乾燥を嫌がって生き物たちが下に移動して落ちていくしくみ。これによって、土の中にどのような生き物が生息しているかを調べられる。この装置はペットボトルでも作ることができる。
→静置

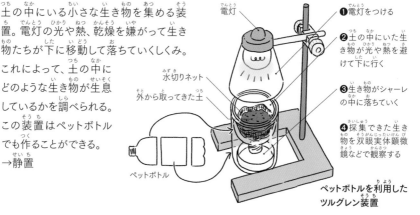

電灯

水切りネット

外から取ってきた土

ペットボトル

❶電灯をつける

❷土の中にいた生き物が光や熱を避けて下に行く

❸生き物がシャーレの中に落ちていく

❹採集できた生き物を双眼実体顕微鏡などで観察する

ペットボトルを利用したツルグレン装置

あ か さ た な は ま や ら わ

抵抗
[ていこう]

電気抵抗ともいう。電流の流れにくさのことで、単位はオーム（Ω）。電熱線などの抵抗を持つ電子部品を抵抗器と呼んだりもする。
→オームの法則、電圧、電流

てこ
[てこ]

小さな力で大きな力を得ることができる道具の1つ。ある点を中心に回転できるようになっていて、支点・力点・作用点から構成される。釘抜きやはさみ、栓抜きなど、てこを利用したものは多い。

てこの実験器
[てこのじっけんき]

てこのはたらきを調べる実験器具。スタンドと棒、おもりを使って、支点からの長さとおもりの重さとの関係を調べることができる。1m以上の棒を使ったてこ実験器もあり、これを使えば自分の手ででてこのはたらきを実感できる。

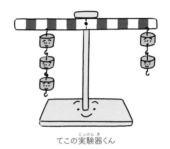

てこの実験器くん

てこを利用したものの例

釘抜き

はさみ

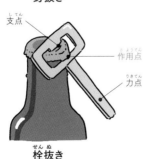

栓抜き

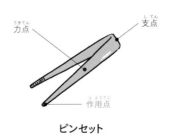

ピンセット

てこの実験器

デシケーター

[でしけーたー]

湿気に弱い薬品を保管するための器具。大学の化学系の研究室には必ずあり、小中学校にも理科準備室に稀に置かれている。昔は分厚いガラス製のものが主流だったが、現在はプラスチック製のものやボックスタイプが多い。

→シリカゲル

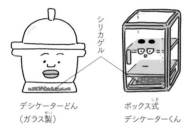

デシケーターどん
（ガラス製）

ボックス式
デシケーターくん

手回し発電機

[てまわしはつでんき]

手でハンドルを回すことで発電できる器具。ハンドルから中のモーターに回転が伝わり、電気エネルギーが生まれる。豆電球につないで回転速度と明るさの関係を調べる実験などに使われる。

→発電

手回し発電機くん

テルミット反応

[てるみっとはんのう]

アルミニウムの粉末を用いて、酸化鉄を純粋な鉄に変える反応。この反応は激しい火花と熱を生み、3000℃以上にもなる。反応によって高温の鉄ができ、それが冷やされて鉄の球が得られる。非常に危険な実験なので、必ず先生の指導のもとで慎重に行わなければならない。

鉄

電圧

[でんあつ]

電流を流そうとするはたらきのこと。単位はボルト（V）。電池や発電機がその性質を持つ。

→オームの法則、抵抗、電流

電圧計

[でんあつけい]

電気回路につないで電圧の大きさをはかる器具。使用時の注意事項として「はかりたい部分に並列でつなぐ」「まずは最も大きい値のマイナス端子につなぐ」などがある。ちなみに、昔の電圧計や電流計は大きなものが多かったが、現在はコンパクトに折り畳めたり、積み重ねて収納できるタイプもある。
→電流計

電圧計くん

フラット
タイプ

折りたたみ
タイプ

電子

[でんし]

マイナスの電気を帯びた非常に小さな粒。原子を構成するものの1つ。金属中には自由に移動できる電子が存在する。電気回路のスイッチを入れると、銅線の中の電子が移動する。この電子の移動こそが電流である※。
→陰極線、クルックス管、原子

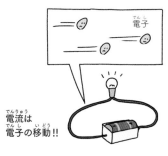

電子

電流は
電子の移動!!

あ
か
さ
た
な
は
ま
や
ら
わ

電気分解装置

[でんきぶんかいそうち]

電気を流して物質を分解することを電気分解もしくは電解といい、それを行う装置のこと。水の電気分解装置は、昔はH型のガラス製のものがよく使われていたが、現在の小中学校ではプラスチック製のものが主流になっている。

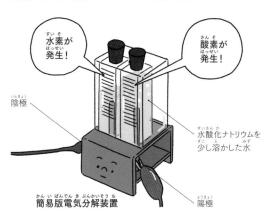

水素が
発生!

酸素が
発生!

陰極

水酸化ナトリウムを
少し溶かした水

簡易版電気分解装置

陽極

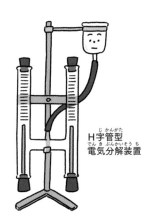

H字管型
電気分解装置

電子

※ただし、電流の向きは電子の動きと逆方向になる

展示コーナー

[てんじこーなー]

理科に関連したものを展示する場所。理科室のうしろや廊下のガラス棚などがよく使われる。標本や地層の模型、人体模型、昔の実験器具など、さまざまなものが並ぶ。学校によっては科学おもちゃなどをさわって楽しめるような工夫がされている場合もある。

電磁石

[でんじしゃく]

コイルに鉄の棒(鉄しん)を入れたもので、電流を流したときだけ磁石になる性質がある。コイルの巻く数や、電流の大きさによって電磁石の磁力も変化する。

→コイル

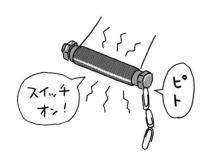

スイッチオン!

ピト

電子てんびん

[でんしてんびん]

物を台に乗せるだけで質量をはかれる器具。精密に作られているので、シンプルなものでも数千円〜数万円する。大学や研究施設にあるような、非常に精度が高い分析用の電子てんびんは20万円以上するものもある。

→値段が高い器具

水平を調整してから使ってね

電子
てんびんくん

ラジオメーターくんの朝

ボクは展示コーナーの
ラジオメーター※です

ボクが毎朝していることを紹介します

※183ページ参照。

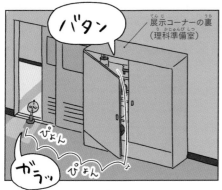

バタン

展示コーナーの裏
（理科準備室）

ぴょん

ガラッ

ぴょん

ぴょ

スタッ

ぴょ

ぴょん

ん

ぴょん

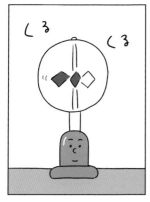

くる

くる

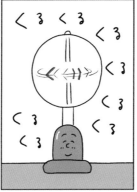

くる くる

くる

くる

くる

くる

日の光を浴びて
くるくる羽根を回す
のが日課なんです

朝日を浴びると
気持ちいいよね

電子てんびん

天体望遠鏡

[てんたいぼうえんきょう]

月や惑星、恒星や星雲などの天体を観るための器具。小中学校の理科室に置かれていることがある。もしくは架台（望遠鏡を乗せる台）だけがひっそり理科準備室のすみっこにあったりする。
→値段が高い器具

天体望遠鏡の各部位の名前

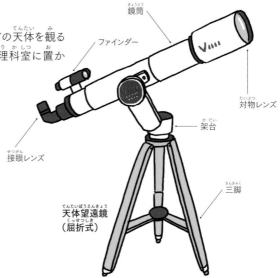

鏡筒

ファインダー

対物レンズ

架台

接眼レンズ

三脚

天体望遠鏡（屈折式）

伝導（熱伝導）

[でんどう（ねつでんどう）]

熱の伝わり方の1つ。物体の一部分が加熱されたとき、そこから離れた部分にも熱が伝わること。伝導のしやすさのことを熱伝導率といい、銀や銅は非常に熱伝導率が高い。
→対流、熱伝導比較装置、放射

サーモインクをぬった金属

ボボボ

伝導によって熱が伝わっていく

デンプン

[でんぷん]

ブドウ糖（グルコース）がいくつもつながっ

た物質。植物が光合成によって作り出す栄養素でもあり、米やパン（小麦）、芋やトウモロコシなどに多く含まれている。デンプンがあるかどうかはヨウ素液を用いて調べることができる。
→だ液、ヨウ素液、ヨウ素デンプン反応

電流

[でんりゅう]

電気の流れのこと。単位はアンペア（A）。プラス極を出てマイナス極に戻る向きで流れる。
→抵抗、電圧

電流計

[でんりゅうけい]

電気回路につないで電流の大きさをはかる器具。使用時の注意事項としては「はかりたい部分に直列につなぐ」「まずは最も大きい値のマイナス端子につなぐ」などがある。

→電圧計

直列でつないでね

電流計くん

トールビーカー

[とーるびーかー]

背の高いビーカー。お湯につけて加熱しやすかったり、中身が沸騰しても外に飛び散りにくいのが特長。ただ、背が高い分、手に当たって倒しやすいので注意。

→ビーカー

背が高くていいな〜

そうかい？

トールビーカーくん

透明半球

[とうめいはんきゅう]

透明な薄いプラスチック製の半球。主に、

太陽の動きを観察し記録するために用いる。それを季節ごとに行えば、太陽の動く道筋の変化を知ることができる。

太陽の動きの記録方法

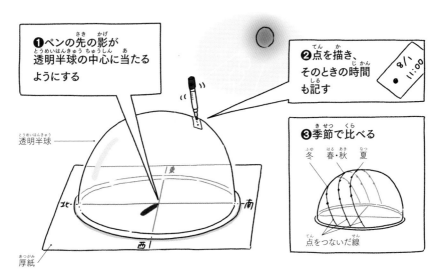

❶ペンの先の影が透明半球の中心に当たるようにする

❷点を描き、そのときの時間も記す

8/1 11:00

❸季節で比べる

冬　春・秋　夏

点をつないだ線

透明半球

北　南

夏

西

厚紙

時計皿

[とけいざら]

薄いガラス製の、底が浅い円形の皿。このために使うという決まった使い方はない。薬包紙の代わりとして固体の薬品を乗せたり、ビーカーのフタとして使ったりするなど、自由に用いられる。

薬包紙の代わりとして

ビーカーのフタとして

時計皿ちゃん

突沸

[とっぷつ]

液体が急に沸騰する現象。液体をゆっくりと加熱していくと過熱状態になることがある。その状態で振動が加わったりすると、ドンっと沸騰して大きな気泡が発生する。このとき高温の液体が外に飛び出してしまい非常に危険。液体を加熱する実験では、突沸が起きないように沸騰石を必ず入れなければならない。
→過熱、加熱、沸騰石

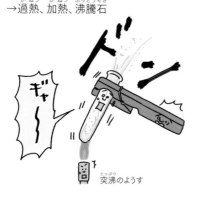
突沸のようす

ドライアイス

[どらいあいす]

二酸化炭素の固体。−79℃。固体から直接気体になるという性質を持つ。冷却剤として活用されたり、ドライアイスそのものが実験材料として用いられる。取り扱いには注意が必要なので、先生の指示のもと行うこと。
→素手はダメ

ドライアイスくん

シャボン玉の実験もおすすめだよ（シャボン玉の項参照）

ドライアイスによる簡単な実験の例

シャアァァァァ

ドライアイスホッケー
気体になった部分が机との摩擦を減らすのでよく滑る

ぷくぅぅぅぅぅ

ビニール袋に入れる
ドライアイスは気体になると体積が約750倍にもふくらむ

取れなくなっちゃった…

[とれなくなっちゃった…]

理科室で起きる悲しいことの1つ。フラスコに付けっぱなしにしていた栓や、ゴム栓に貫通させたガラス管などで起きがち。ガラス製のものは外す際に割れてケガをするおそれがあるので先生にお願いしよう。

取れなくなったものたち

泥

[どろ]

岩石が細かくなった粒子の中で、直径が0.0625mmよりも小さなもの。日常的には水が混ざって軟らかくなった土のことを泥と言ったりするが、科学の世界では水を含むかどうかは関係ない。
→堆積、地層を作る実験

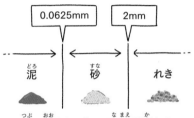

粒の大きさによって名前が変わる

どんぐり

[どんぐり]

クヌギやコナラなどブナ科の植物の木の実。植物の種類によってどんぐりの形やぼうしの模様が異なっているので、外で拾ってきたものを見比べると楽しい。

どんぐりと葉の例

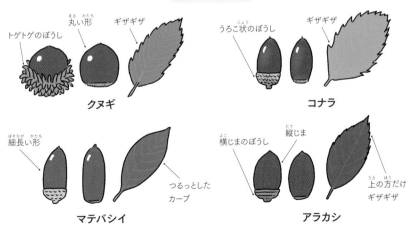

どんぐり

流し台の椀トラップ

[ながしだいのわんとらっぷ]

実験机の流し台の排水口にかぶせられ

ている丸いフタ。流し台と同じ陶器製のものが多い。排水管内部からのにおいや虫が上がってくるのを防いだり、鉛筆や洗浄ブラシが排水口に入らないようにする役目がある。

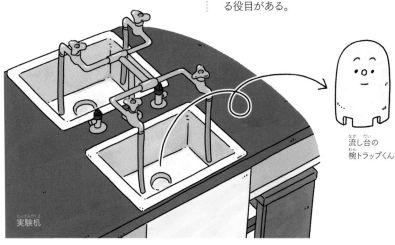

流し台の
椀トラップくん

実験机

なぜ？

[なぜ?]

理科や科学において大切にすべき考え。理科の実験で何か予想と違ったことが起きても「あー失敗しちゃった」ではなく「なぜこうなったんだろう」と考えてみよう。また、身の回りのものに対しても「なぜ？」と思うのは非常に大切。その先に大発見が待っているかもしれない。

謎の引き出し

[なぞのひきだし]

理科室の窓際や、理科準備室にある棚の中で、誰も開けたことがない引き出し。中には壊れた実験器具や、今は使われていない器具が入っていたりする。「こんなところに新品のスチールウールがあったの？」とか「試験管が大量にあった！」など掘り出し物が見つかることも。
→使われなくなった器具

レアキャラ？

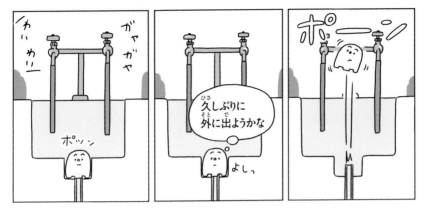

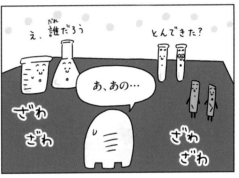

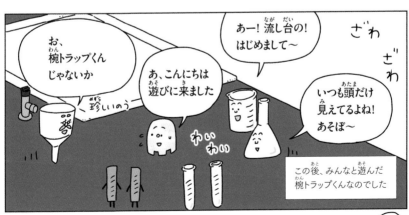

 の右側の欄外：

～～ 謎の引き出し

においの嗅ぎ方

[においのかぎかた]

水溶液や薬品のにおいを確認するときは、顔を近づけずに手であおぐようにして行う。万が一、有毒ガスが発生している状態で鼻を近づけて直接吸ってしまうと、ガスを大量に吸引するおそれがあるので非常に危険。

ふぁっ
ふぁっ

二酸化炭素

[にさんかたんそ]

炭酸ガスともいう。無色無臭の気体で空気よりも重く、水に少し溶ける。石灰水と反応して白く濁る性質がある。炭酸水素ナトリウムの加熱や、石灰石にうすい塩酸を加える反応によって発生させることができる。
→石灰水、ドライアイス

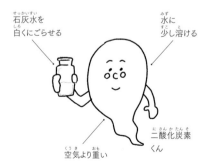

石灰水を
白くにごらせる

水に
少し溶ける

二酸化炭素
くん

空気より重い

二酸化マンガン

[にさんかまんがん]

黒っぽい粒状の薬品。乾電池の材料や陶磁器の着色剤などに使用される。理科室では、主に酸素を作る実験で触媒として用いられる。
→酸素、触媒

日光

[にっこう]

太陽が発する光。気温の維持や植物の光合成、人の体内時計の調整などに欠かせない。光の性質を学ぶ実験でも用いられる。
→遮光カーテン、透明半球

鏡を使った
日光の反射

ルーペで
日光を集める
ことができる

日食
[にっしょく]

地球・月・太陽が一直線に並ぶことで、太陽が月に隠される現象。日食を観察する

ときは、必ず遮光プレートなどの専用の道具を用いなければならない。そうしないと目を傷めたり失明してしまう恐れがある。
→遮光プレート

地球　月

地球・月・太陽が
一直線上に並ぶことで
日食が起きる

太陽

日食の種類

皆既日食

金環日食

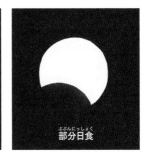

部分日食

煮干しの解剖
[にぼしのかいぼう]

煮干しを用いた比較的簡単にできる解剖。動物の体のつくりを学ぶために行う。基本は手で行い、ところどころつまようじで臓器をより分けてルーペで観察する。昔はカエルやフナの解剖が行われていたが、生き物の扱いに疑問を感じる意見が増えたため、現在の小中学校ではほとんど行われていない。

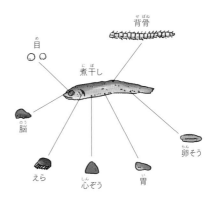

背骨

目

煮干し

脳

卵そう

えら

心ぞう

胃

煮干しの解剖

ニュートン

[にゅーとん]

力の大きさを表す単位。記号はN。100グラム（g）の物体を持ったときに手の平で感じる力（重さ）が約1N（正確には0.98N）である。イギリスの物理学者アイザック・ニュートンが名前の由来。

→単位

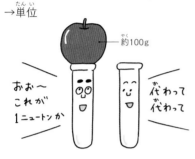

約100g

おぉ〜
これが
1ニュートンか

代わって
代わって

濡れた手で触ってはいけない

[ぬれたてでさわってはいけない]

電気に関する実験をする上で守るべきことの1つ。乾電池や電源装置、電気回路などは濡れた手で触ると感電するおそれがあるので注意しよう。

→してはいけない

感電すると…
最悪の場合、心臓が止まる…

ビリ
ビリ
ビリ
ビリ

乳鉢・乳棒

[にゅうばち・にゅうぼう]

固体のものをつぶして粉末にしたり、粉末どうしを混ぜ合わせたりする器具。混ぜるときは、乳棒をガンガン当てると乳鉢が割れてしまうので、優しく円を描くように行うこと。

乳鉢の内側と乳棒の先は
表面がザラザラ

乳鉢くん

乳棒くん

ぐり
ぐり
ぐり
ぐり

乳棒は円を描くように
優しく回す

根

[ね]

植物の体のパーツの1つで、通常は土の中に広がっている。植物を支え、地中の水分や水にとけている養分を吸収する。根の先には細い毛が無数にあり、水や養分を吸収しやすいようになっている。

値段が高い器具

[ねだんがたかいきぐ]

理科室にある器具の中で高価なものといえば、顕微鏡や天体望遠鏡、人体模型など。また、実験机や薬品庫、百葉箱なども値段が高い。

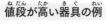

値段が高い器具の例

百葉箱
大きいものだと30万円以上する

顕微鏡
高いもので20万円以上（大学などで使うものは100万円以上する場合もある）

天体望遠鏡
50万円以上するものもある

薬品庫
50万円以上するタイプもある

実験机
1台あたり20万円以上する

値段が高い器具

熱伝導比較装置

[ねつでんどうひかくそうち]

熱の伝わり方の1つである「伝導」の速さ

を比較する器具。この器具を使えば金属の種類による熱伝導のしやすさの違いを理解することができる。

→伝導

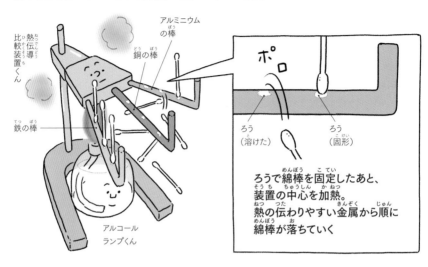

熱伝導比較装置くん

アルミニウムの棒

銅の棒

鉄の棒

アルコールランプくん

ポロ

ろう（溶けた）

ろう（固形）

ろうで綿棒を固定したあと、装置の中心を加熱。熱の伝わりやすい金属から順に綿棒が落ちていく

燃焼

[ねんしょう]

物質が熱や光を出しながら激しく燃えること。酸化反応の1つ。燃焼の実験ではスチールウールを用いることが多い。

→酸素

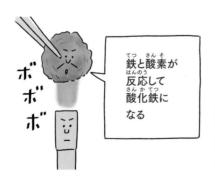

鉄と酸素が反応して酸化鉄になる

ボボボ

燃焼さじ

[ねんしょうさじ]

少量のものを燃やすときに使う金属製の器具。皿型とろうそく立て型がある。持ち手が細長いので、フタをした集気ビンの中で燃やすことができる。

砂糖や食塩、スチールウール、ロウソクなどを乗せて燃焼させる。その際は、さじ部分が汚れても大丈夫なようにアルミホイルを巻いておくことが多い。

→アルミホイル

皿型燃焼さじちゃん

ろうそく立て型燃焼さじくん

地層累重の法則を思う

・地層→P.121 ・地層を作る実験→P.122 ほか

堆積や地層についての実験の中でもポピュラーなものの1つが、地層を作る実験。で、これをやるときにいつも思い出すのが「地層累重の法則」です。「地層では上にある層が年代的に新しい（下の方が古い）」というもので、地球科学を学ぶ中、フィールドでひんぱんに聞かされました。でも、聞くたんびに「下が古いはあたりまえ〜♪」などとお茶けておりました。ものが積み重なるときはどう考えても下が先に積もりますからね。

ところがこの法則、調べてみると17〜18世紀に確立された「層位学（地層の上下を調べる学問）の基本法則」であり「地層の新旧や年代判定を行う上での大原則」。地球科学の法則の中でも由緒正しく役割も最重要のひとつで、サムライでいうなら将軍さまみたいな存在（←例えがふさわしくないです）だったのです……茶化してごめんなさいっ……<m(._.;)m>。いやー、認めたくないものですね、若さゆえの過ちというものは（苦笑）。で、いま、実験教室でペットボトルを振りまわしながら、この法則をみんなにお伝えしとるわけです。

熱伝導比較装置のすごさは支点にあり

・熱伝導比較装置→P.142

熱伝導比較装置は文字通り、金属の種類ごとの「熱の伝わりやすさ」をくらべる装置です。小学校の実験室にありましたが、この実験は授業では行われませんでした。でも、試したいですよね……ということで、自作しました（先生にお願いして見せてもらえばいいのに）。鉄、銅、アルミニウムの3種の金属棒がたまたま手に入ったので、一方をまとめて針金でしばり、実験スタンドでつかんで加熱するしくみ。それぞれの棒にはつまようじ（本文では綿棒）をロウで何本も等間隔に立ててくっつけて……と、カンペキです。で、準備万端と加熱を始めたのですが予想したほど差が出ません。試しに鉄、銅、アルミの並び順を変えてみると結果が変化！ 思えば学校にある装置には、支点（金属棒が束ねられていて加熱する部分）に大きな金属のかたまりがついています。これ、見ばえを狙ったものではなく、熱を均等につたえる工夫だったのでした。

その後、実はこの実験を試してません。その理由は熱を均等に伝える難しさではなく、ロウで棒を立てて並べる作業があまりにも面倒だから。先生がこの実験を授業でやらなかった理由がわかった気がします。

文：山村紳一郎

燃焼さじ

葉

[は]

植物の体のパーツの1つで、茎や枝に付いているもの。葉の多くは緑色で、光合成や蒸散などが行われる。光合成を効率よくするために、葉はなるべく重なり合わない付き方になっている。
→気孔、光合成、蒸散

葉のすじ(葉脈)の種類

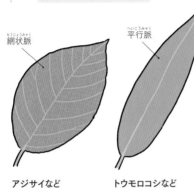

網状脈

平行脈

アジサイなど

トウモロコシなど

上から見ると、葉が重なり合わないように並んでいるのがわかる

廃液用タンク

[はいえきようたんく]

実験で使った薬品(廃液)を保管するタンク。実験で出た廃液は流し台にそのまま流すと環境汚染につながるので、必ず回収しなければならない。
→ゴミ箱

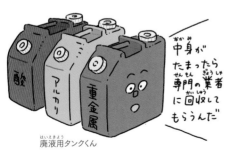

中身がたまったら専門の業者に回収してもらうんだ

酸
アルカリ
重金属

廃液用タンクくん

白衣

[はくい]

実験をするとき、薬品が体にかかるのを防ぐために着る服。白色でひざあたりまで丈があるものが一般的。袖をまくったり、前のボタンを外したまま実験するのは間違った着用方法である。
→保護メガネ

◯ 正しい着用　✕ ダメな着用

葉

白衣が似合う人…?

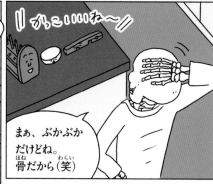

人気者の人体骨格模型くんが
うらやましい人体解剖模型くん
なのでした

白衣はみんなのあこがれ!

白衣

箔検電器

[はくけんでんき]

物体が帯電しているかどうかを調べる器具。薄い金属箔が2枚重った部分があり、その金属箔の開閉によって帯電の有無を判断できる。
→帯電

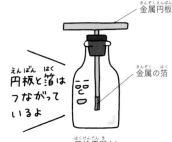

円板と箔はつながっているよ

箔検電器くん

金属円板
金属の箔

箔検電器の使い方

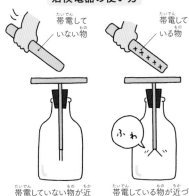

帯電していない物

帯電している物

帯電していない物が近づいても箔は動かない

帯電している物が近づくと箔が開く！

ふわ

箔が開くしくみ

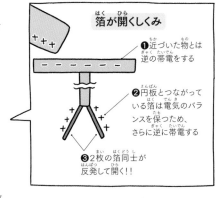

❶近づいた物とは逆の帯電をする

❷円板とつながっている箔は電気のバランスを保つため、さらに逆に帯電する

❸2枚の箔同士が反発して開く!!

剥製

[はくせい]

正確には剥製標本といって、標本の種類の1つ。死んだ動物の内臓や筋肉を除去したあと、生きているときと同じような見た目や姿勢にする。理科室の展示コーナーに鳥の剥製が置かれていたりする。
→展示コーナー、標本

爆鳴気

[ばくめいき]

水素と酸素を体積の割合2:1で混合した気体。点火するとバンッと大きな音が鳴る。水素と酸素が反応して水ができるというシンプルな反応だが、音と光と振動がともなうため迫力がある。ただ、とても危険な実験でもあるので必ず先生の指導のもとで行うこと。
→酸素、水素

水素

酸素

爆鳴気のイメージ

バケツ

[ばけつ]

深さのある円筒形の容器で、持ち手のついたものが多い。ほとんどの理科室（もしくは理科準備室）に1個はある。水槽に水を入れたり、実験に使う砂や石を保管するときに活躍する。

→運動場の砂

ねえねえ
ガラスって
重い？

うーん
重くはないけど
カチャカチャ
うるさいね

砂 小石 ガラス

バケツくんたち

発芽

[はつが]

植物の種子から芽が出ること。発芽するためには水・適切な温度・空気が必要。「光も必要では？」と思いがちだが、インゲンマメやダイコン、ヒマワリなど、多くの種子の発芽に光は必要ない。ただし、レタスの種子のように光が必要なものもあるにはある。

→種子、脱脂綿

発芽に必要な条件を調べる実験

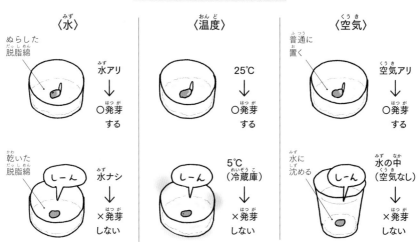

〈水〉
ぬらした脱脂綿
水アリ
↓
○発芽する

乾いた脱脂綿
しーん
水ナシ
↓
×発芽しない

〈温度〉
25℃
↓
○発芽する

しーん
5℃（冷蔵庫）
↓
×発芽しない

〈空気〉
普通に置く
空気アリ
↓
○発芽する

しーん
水に沈める
水の中（空気なし）
↓
×発芽しない

水・適度な温度・空気のうち、どれか1つでも欠けると種子は発芽しない

発芽

発光ダイオード

[はっこうだいおーど]

LEDともいう。電気を流すと発光する器具の1つ。白色電球よりも寿命が長く消費電力も少ない。電気回路の実験では豆電球と共によく使われている。なお、豆電球と違ってLEDは電流の向きにきまりがあるので注意が必要である。
→豆電球

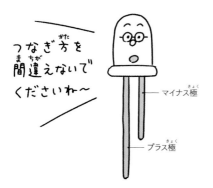

つなぎ方を
間違えないで
くださいね～

マイナス極

プラス極

発泡スチロール容器

[はっぽうすちろーるようき]

発泡スチロールとは、ポリスチレンという物質の小さな粒を加熱し発泡させて膨らませたもので、熱を伝えにくい性質がある。そのため保温能力が高く、ドライアイスの一時的な保管や、ミョウバンの結晶作りでゆっくり冷やすときなどに使われる。
→ドライアイス、ミョウバン

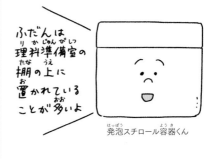

ふだんは
理科準備室の
棚の上に
置かれている
ことが多いよ

発泡スチロール容器くん

発電

[はつでん]

運動エネルギーや光エネルギーなどを電気エネルギーに変えること。一般的な発電機はコイルの中で磁石を回転させることで電気を得ている。
→手回し発電機

発電機のイメージ

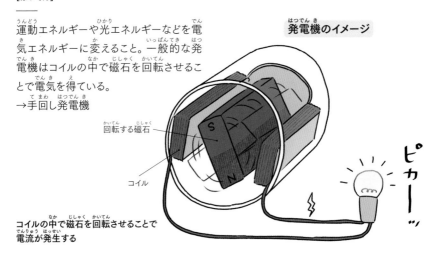

回転する磁石

コイル

コイルの中で磁石を回転させることで
電流が発生する

ピカーッ

花

[はな]

種子を作るための役割を持っている部分。植物にとっての生殖器官。種子を作るにはめしべとおしべが必要で、花にはその両方、もしくはどちらかが必ずある。なお、めしべの下の方を子房といい、受粉後に成長し果実となる。
→種子

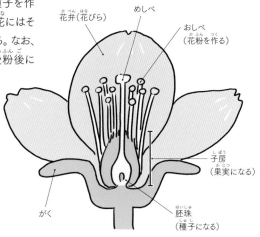

花のつくり（サクラの場合）

花弁(花びら)

めしべ

おしべ
（花粉を作る）

子房
（果実になる）

がく

胚珠
（種子になる）

イネのように
花びらがない
種類もあるよ

あ
か
さ
た
な
は
ま
や
ら
わ

ばねばかり

[ばねばかり]

ものの重さや力の大きさをはかる器具。ばねの伸びが力の大きさに比例することを利用している。上限を超えた力をかけると壊れてしまうので注意。
→フックの法則

ばねばかりじいさん

フォッ
フォッ
フォ

おもりくん

貼り紙

[はりがみ]

理科室を安全に、そしてキレイに使うための注意事項が書かれた紙。実験器具を

収納する棚には「整理整頓」「使い終わったら元の場所へ」などが貼られている。
→安全第一、静置

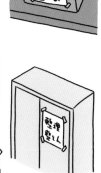

重いよ

立入禁止

整理整頓

前が見えないよ…

実験中

ピーエッチ（pH）

[ぴーえっち]

水溶液の酸性〜アルカリ性の度合いを0〜14の数値で表したもの。数値が低いほど酸性の度合いが強く、数値が高いほどアルカリ性の度合いが強い。ちなみに昔はドイツ語由来の「ペーハー」とも呼ばれていて、今もその呼び方を使う人がいる。
→アルカリ、酸、中性

レモン	牛乳	石けん水
pH 2〜3	pH 6〜7	pH 9〜10

pH試験紙

[ぴーえっちしけんし]

おおよそのpHをはかることができる紙。特殊な薬品が染み込んでいて、色の変化を見ることでpHがわかる。

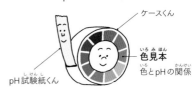

ケースくん
色見本
色とpHの関係
pH試験紙くん

pH試験紙の使い方

❶pHを調べたい液体をつける　❷ケースの色見本と見比べてpHを判定する

pH指示薬

[ぴーえっちしじやく]

pHによって色が変化する液体。BTB溶液やフェノールフタレイン液などがある。

pH指示薬は、単に水溶液が酸性かアルカリ性かを調べるだけでなく、実験の前後でpHがどのように変化したかを調べる実験でも活躍する。
→紫キャベツ

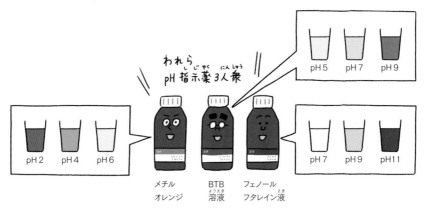

われらpH指示薬3人衆

pH2	pH4	pH6
pH5	pH7	pH9
pH7	pH9	pH11

メチルオレンジ　BTB溶液　フェノールフタレイン液

ビーカー

[びーかー]

主に化学実験に用いる器具の1つ。コップのような形で、液体の注ぎ口が付いている。ビーカーという名前は、注ぎ口がくちばし（英語でビーク）に似ていることが由来。側面に目盛りが付いているが、これはあくまで目安なので正確さは低い。液体の混合や加熱、ろ過など多くの実験で活躍する。ビーカーには、一般的なものの以外にもさまざまな種類がある。

→目盛りの精度

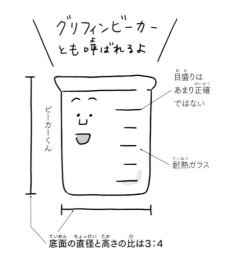

グリフィンビーカーとも呼ばれるよ

ビーカーくん

目盛りはあまり正確ではない

耐熱ガラス

底面の直径と高さの比は3:4

さまざまなビーカー

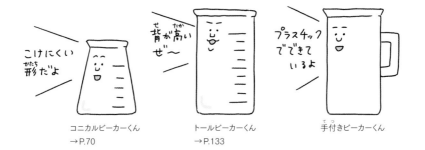

こけにくい形だよ

コニカルビーカーくん
→P.70

背が高いぜ〜

トールビーカーくん
→P.133

プラスチックでできているよ

手付きビーカーくん

ビーカーくん

[びーかーくん]

理系イラストレーターうえたに夫婦が生み出したキャラクター。うえたに夫婦の夫の方が研究員時代に描いていた落書きから生まれた。現在、ビーカーくんの実験器具なかまは150種類を超える。誠文堂新光社から単行本が発売中なので図書室にあるかも？ また、雑誌「子供の科学」にて「ビーカーくんがゆく！」が連載中。

→子供の科学

光
[ひかり]

空間を伝わっていく波の1つ。人が見ることができる光(可視光線)を指すこともある。真空中の光の速度は約30万km/sで、宇宙で最も速い。光には直進、屈折、反射などの性質がある。

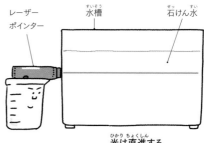

光は直進する

光の屈折
[ひかりのくっせつ]

光が物質と物質の境界で曲がる(屈折する)こと。例えば、空気中を直進してきた光が水中に入るとき、まっすぐには進まず境界面から離れる角度に屈折する。どのように屈折するかは物質それぞれが持つ屈折率によって決まる。
→全反射、プリズム、レンズ

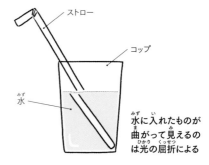

光の屈折

光源

光

A

B

光が空気から水に入るとき、A(入射角)よりB(屈折角)は小さい

ストロー

コップ

水

水に入れたものが曲がって見えるのは光の屈折による

光の三原色
[ひかりのさんげんしょく]

赤・緑・青の3つの色。それぞれの英語の頭文字を取ってRGBとも呼ばれる。この3色の光が同じ強さで重なると白色になり、それぞれの割合を変えるだけでほとんどの色を作り出すことができる。
→発光ダイオード

このしくみはテレビの画面でも使われているよ

光

消えるビーカーくん

今から
透明になる
マジックをします

…では
いきます

タッ

わくわくわく

トプン

ぉぉぉ

消えた!!

チャッ

はい!
この通り
でーす!

すごーい

なんでなんで?

解説

光

実はこの液体はサラダ油。
サラダ油とガラスは
光の屈折率が近い。そのため、
光はまっすぐ通りぬけて、
ビーカーが消えた
ように見えるのである!!

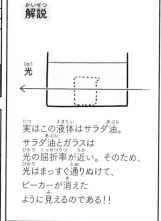

ただ、このマジック、
油を落とすのが
面倒なんだよね

シャカ シャカ シャカ

シャカ

シャカ

それはこっちのセリフ
だっつうの〜

水だったら
こうはならないんだよ

光の三原色

光の反射
[ひかりのはんしゃ]

光が物質に当たって跳ね返ること。磨いた金属や鏡などの均一な面に光が当たると、当たった角度（入射角）と同じ角度（反射角）で反射するという法則がある。物体そのものが見えること、さらには物体の色にも光の反射が関係している。
→月の満ち欠け、乱反射

反射の法則

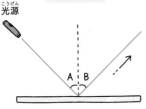

光源

A（入射角）とB（反射角）は等しい

比重
[ひじゅう]

ある物質の密度を、基準となる物質の密度で割った値。液体の場合は水を基準物質とする。比重が1よりも小さい場合は水に浮き、1よりも大きい場合は水に沈む。
→密度

$$比重（液体の場合）= \frac{物質の密度}{水の密度}$$

百葉箱
[ひゃくようばこ]

気象観測のために屋外に設置された箱。中に温度計や気圧計などの測定機器を入れて用いるが、現在の小中学校では使われていないことも多い。

百葉箱を設置するときのルール

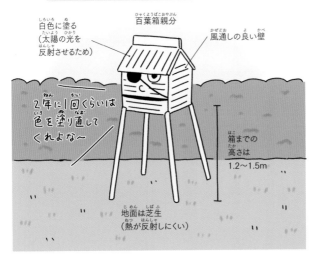

白色に塗る（太陽の光を反射させるため）

百葉箱親分

風通しの良い壁

2年に1回くらいは色を塗り直してくれよな〜

箱までの高さは1.2〜1.5m

地面は芝生（熱が反射しにくい）

百葉箱に入っている機器

気圧計くん

自記温度計さん（気温の変化を自動で記録する）など

ひょうたん

[ひょうたん]

古くから栽培されてきたウリ科の植物の1つ。1年でタネまきから枯れるまでのようすを観察できる一年草なので、小学校での植物栽培に用いられる。果実はだるまを細長くしたような形で、苦味があるので食用ではなく容器や観賞用にされる。

→ヘチマ

良い形でしょ？
ひょうたんの実
ひょうたんの種子

標本

[ひょうほん]

死んだ動物や植物、岩石や鉱物などに適切な処理をして、長期間保存できるようにしたもの。研究や教育を目的として、繰り返し観察するために用いられる。理科室の展示コーナーに標本が置かれていることがあるので、ぜひ見に行ってみよう。

→骨格標本、展示コーナー、剥製

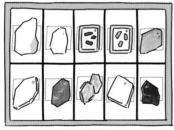

鉱物標本

岩石標本

植物標本

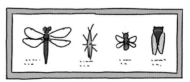

昆虫標本

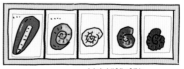

アンモナイト進化化石標本

表面張力

[ひょうめんちょうりょく]

液体の表面の面積をできるだけ小さくしようとする力。葉についた水滴が球形だったり、コップにギリギリまで水を注いだときの膨らみは表面張力によるもの。水の表面張力は液体の中でも特に高い。

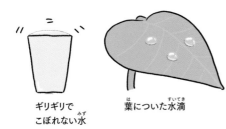

ギリギリで
こぼれない水

葉についた水滴

肥料

[ひりょう]

植物の成長を助けるための栄養物質。肥料が無くても植物は成長するが、肥料を与えると茎が太くなったり、葉の数の増加につながる。「窒素・リン・カリウム」の3つの元素は「肥料の三要素」と呼ばれ、肥料に多く含まれている。

肥料ナシ

肥料アリ

肥料
すごーい

ピンセット

[ぴんせっと]

手の代わりにものをつまむための器具。手で持つと危険なものや、細かいものを移動させるときに用いられる。カバーガラスのような薄いものもピンセットを使うと便利。
→素手はダメ

ピンセットくん

風速計

[ふうそくけい]

風速をはかる機器。現在、気象庁などの観測所で使用されているのはプロペラのついた風車型風向風速計という種類。理科室にはそれより古いものが展示コーナーにあったり、理科準備室に保管されていたりする。
→使われなくなった器具

風車型
風向風速計

古いタイプの
風向風速計

浮沈子

[ふちんし]

昔からある科学おもちゃの1つ。水の入った容器の外側を押すと浮沈子がスーっと沈む。そして、押すのをやめると浮沈子は浮かんでいく。外から押すとその圧力が水に伝わり、浮沈子の中の空気を押し縮める。それにより浮沈子の浮力が小さくなって沈む、というしくみ。
→科学おもちゃ、浮力

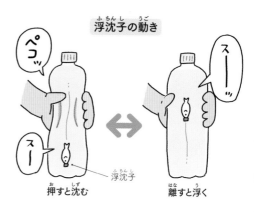

浮沈子の動き

ペコッ

スーッ

浮沈子

押すと沈む　　離すと浮く

フックの法則

[ふっくのほうそく]

ばねに力を加えたとき、ばねの伸びは力の大きさに比例するという法則。ばねばかりのしくみに利用されている。
→ばねばかり

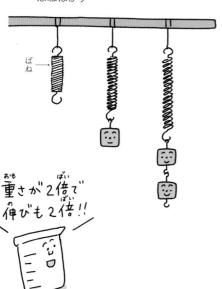

ばね→

重さが2倍で
伸びも2倍!!

沸騰石

[ふっとうせき]

突沸を防ぐために、加熱する前に液体に入れておくもの。沸騰石の表面には小さな穴がいくつもあり、その中の空気が沸騰を起こしやすくしてくれる。それによって、液体が沸騰する温度になればちゃんと沸騰し「過熱状態になって突沸する」ことを防げる。
→突沸

沸騰石

オレらも
沸とう石の
代わりになるで

素焼きのカケラ

物理学

[ぶつりがく]

科学の分野の1つ。理科を構成するものの1つでもある。物質や電磁波、エネルギーなど、自然界における現象のしくみや法則が学びの対象となる。

ブラウン運動

[ぶらうんうんどう]

牛乳の乳脂肪のような小さな粒がぷるぷるふるえる運動のことで、顕微鏡で観察することが可能。このふるえは乳脂肪の粒に水分子がバンバンぶつかることで起きる。なお、これは液体だけでなく、気体中の小さな粒(チリ、ほこりなど)でも同じ。
→牛乳

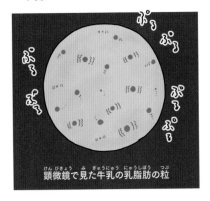

顕微鏡で見た牛乳の乳脂肪の粒

フラスコ

[ふらすこ]

主に化学実験に用いる器具の1つ。細長い口元に対して本体が大きな形をしている。振ったときに中の液体が外に飛び散りにくかったり、液体が蒸発して外に出て行きにくくするなどの効果がある。三角フラスコや丸底フラスコなど、さまざまな種類がある。
→加熱とガラス器具、洗浄ブラシ(大きめ)

さまざまなフラスコ

三角フラスコくん

丸底フラスコくん

平底フラスコくん

枝付きフラスコくん

フラスコの洗い方

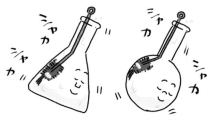

洗浄ブラシをそれぞれの形に曲げて洗う

プラスチック

[ぷらすちっく]

———

主に石油を原料にして作った物質の1つ。「加熱によって変形させやすい」「電気や熱を伝えにくい」「耐久性が高い」などの性質をもつ。ポリエチレン（PE）やポリプロピレン（PP）など多くの種類があり、実験器具の素材としても活用されている。機能的に優れている一方、細かく粉砕されたプラスチックが環境へ悪影響を与えているという一面もある。

→ペットボトル

理科室にあるプラスチック製品

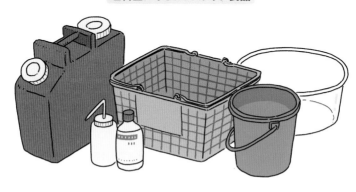

ブラックライト

[ぶらっくらいと]

———

紫外線を光源に利用したライトで、UVライトともいう。蛍光ペンで書いた線やコピー用紙（の繊維）、鉱物の一部などの蛍光物質を光らせることができる。ブラックライトで光るものを身の回りから探すのもおもしろい。ただ、ブラックライトを長時間使用したり、直接見るのは目を傷めるおそれがあるので注意しよう。

ブラックライトで光るものたち

使用済みのハガキ

蛍光ペン

一部のあめ玉

一部の鉱物

ブラックライト

プランター

[ぷらんたー]

植物を育てるための容器。プラスチック製で長方形のものが多い。理科室のベランダで、観察に用いるためのホウセンカなどが育てられていることがある。

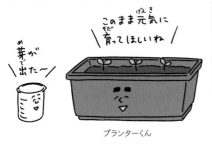

プランターくん

振り子

[ふりこ]

端を固定した糸におもりを付け、振れるようにしたもの。振り子が1往復にかかる時間（周期）は、振れる幅やおもりの重さに影響しない※。振り子の周期は糸の長さのみに影響する。

→ペンデュラムウェーブ

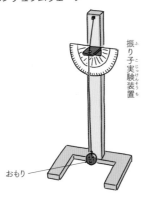

振り子実験装置

おもり

振り子の1往復にかかる時間は振り子の長さのみに影響する

条件を変える前

往復1.25秒

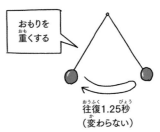

おもりを重くする

往復1.25秒
（変わらない）

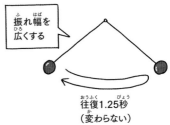

振れ幅を広くする

往復1.25秒
（変わらない）

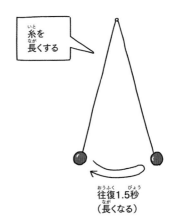

糸を長くする

往復1.5秒
（長くなる）

※厳密には、振れる幅を大きくしすぎると周期がずれてくる

プリズム

[ぷりずむ]

ガラスなどでできた透明な立体物。太陽光を通すと虹のような無数の色の光が出てくる。太陽光に含まれているさまざまな色の光は、屈折の仕方が異なるのでこのようなことが起こる。

→光の屈折

太陽光

プリズム

浮力

[ふりょく]

液体の中にある物体に上向きにはたらく力。物体の体積が大きいほど、また液体の密度が大きいほど、浮力は大きくなる。

→浮力

浮力に関係する因子

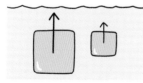

体積が大きいと浮力も大きくなる

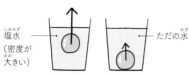

塩水
（密度が
大きい）

ただの水

液体の密度が大きいと浮力も大きくなる

プレパラート

[ぷれぱらーと]

観察したいものをスライドガラスとカバーガラスではさんだもの。顕微鏡で観察するときに用いる。プレパラートを作るときは指を切ったりしないように気をつけよう。

→顕微鏡

プレパラートの作り方

例：池の水を観察するとき

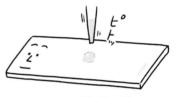

❶スライドガラスに池の水を1滴たらす

❷気泡が入らないようにカバーガラスを乗せる

❸余分な水をろ紙で吸い取って完成

フレミングの左手の法則

[ふれみんぐのひだりてのほうそく]

磁界の中に設置した導線に電流を流すとき、電流・磁界・力のはたらく向きを左手で表す方法。左手で中指・人差し指・親指をそれぞれ直角になるように立てたとき、中指が電流、人差し指が磁界、親指が力の向きを表している。

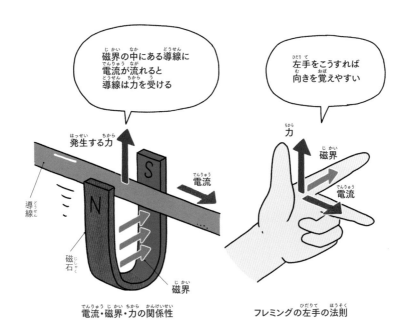

磁界の中にある導線に電流が流れると導線は力を受ける

左手をこうすれば向きを覚えやすい

発生する力

S

N

導線

磁石

磁界

電流・磁界・力の関係性

力

磁界

電流

フレミングの左手の法則

分子

[ぶんし]

複数の原子が結びついてひとかたまりになったもの。その物質の性質を保ったまま細かくしたときの最小の単位。例えば水の分子は、水素原子2つと酸素原子1つが結びついてできている。他にも分子を作る物質はたくさんあるが、鉄や銅などの金属や食塩(塩化ナトリウム)などは分子を作らない。
→原子

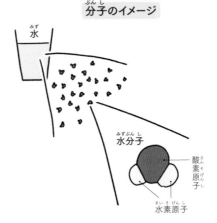

分子のイメージ

水

水分子

酸素原子

水素原子

やってみたい

フレミングの左手の法則って
名前もかっこいいよね

分子

紛失

[ふんしつ]

理科室で起きる悲しいことの1つ。分銅の
セットの小さいものがない、顕微鏡の対
物レンズが1つ足りないなど。小中学校で
はあまり使うことがないが、液体を混ぜる
スターラーバーには非常に小さなタイプが
あり、よく紛失が起きる。

分子模型

[ぶんしもけい]

分子の化学構造を立体的にイメージする
ための模型。多くの場合、原子は球、原
子同士の結びつきは棒を使って模型を作
る。立体になることで原子同士の距離感
や分子の全体的な形を理解することにつ
ながる。

分子模型セット

[ぶんしもけいせっと]

分子模型を作るための球と棒がセットに
なったもの。炭素は黒色、水素は白色の
ように、原子の種類によって色分けされて
いる。分子の化学式（水であればH_2O）
をもとにして立体に組み立てる作業はパ
ズルのようで楽しい。

分銅

[ふんどう]

上皿てんびんを使用するときに質量の基
準となるおもり。大きく分けて円筒型分銅
と板状分銅の2種類がある。汚れが付い
て重さが変わったりサビの原因になってし
まうので、分銅は素手で持ってはいけない。
→上皿てんびん、素手はダメ

分銅3兄弟

板状分銅3兄弟

分銅用ピンセット

[ふんどうようぴんせっと]

分銅を移動させるときに使用するピンセッ
ト。通常のピンセットと異なり、先端がカー
ブしていて分銅をつかみやすくなっている。
このピンセットで、円筒型分銅は上のくび
れ部分を、板状分銅は
折れ曲がっている角の
部分を持つ。

分銅用
ピンセットくん

ヘチマ

[へちま]

――――

古くから栽培されてきたウリ科の植物の1つ。1年でタネまきから枯れるまでのようすを観察できる一年草なので、小学校での植物栽培に最もよく用いられる。熟した実は繊維が硬くなるので、乾燥させてタワシとして利用できる。

→ひょうたん

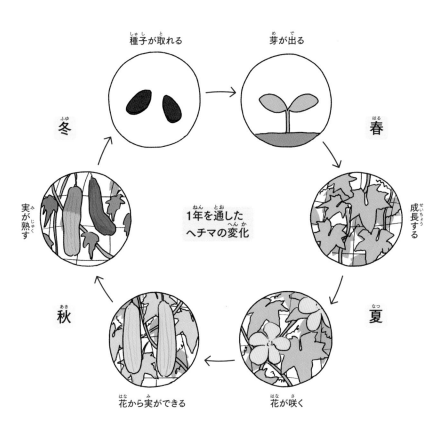

種子が取れる

芽が出る

冬

春

実が熟す

成長する

秋

夏

1年を通した
ヘチマの変化

花から実ができる

花が咲く

ペットボトル

[ぺっとぼとる]

――――

プラスチックの種類の1つであるポリエチレンテレフタレート(PET)を原料とした透明容器。手に入りやすく、加工もしやすいのでさまざまな実験に活用される。

→雲を作る実験、地層を作る実験、ツルグレン装置

ペットボトルロケット

[ぺっとぼとるろけっと]

科学おもちゃの1つ。水をある程度入れてから、空気を入れて中の圧力を高めて一気に噴射する。空気と水が後ろに噴き出る力の反作用によってロケットが力を受け、遠くに飛ぶしくみ。ペットボトルロケットはどこまで飛ぶかわからないので、行う場合は細心の注意が必要。
→科学おもちゃ、作用・反作用の法則

ゴーゴー‼

ペットボトル
ロケットくん

ペンデュラムウェーブ

[ぺんでゅらむうぇーぶ]

科学おもちゃの1つで、長さの違う複数の振り子が並んだもの。「ペンデュラム」とは日本語で「振り子」を意味する。すべての振り子を一斉に動かすと、振り子の動きが重なって波のようになったり、左右2列になるなど複雑に動きを変化させる。
→振り子

方位磁針

[ほういじしん]

コンパスともいう。東西南北の向き（方位）が書かれた円板に、自由に動ける磁石を取り付けたもの。針のN極が北を指すことから方位がわかる。月や星座の観察で活躍するほか、磁界の向きを調べる実験などにも使われる。
→磁界、磁石

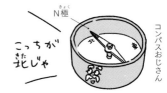

N極

こっちが
きた
北じゃ

コンパスおじさん

放射（熱放射）

[ほうしゃ（ねつほうしゃ）]

熱の伝わり方の1つ。高温の物体が発する光や赤外線が別の物体に伝わって温度が上がること。日光に当たったり、電気ストーブの前にいるとあたたかく感じるのは熱放射によるもの。
→ストーブ、対流、伝導

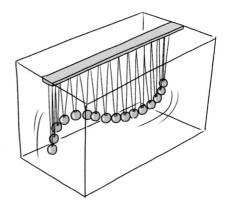

飽和水溶液

[ほうわすいようえき]

物質を水に溶かしていき、もうそれ以上溶けない状態になった水溶液。水にどのくらいまで溶けるかは、水の温度と物質の種類が関係する。多くの物質は、水の温度が高いほど溶ける量も増える。

→再結晶、水溶液

保護メガネ

[ほごめがね]

安全メガネともいう。実験や観察のときに目を守るプラスチック製のメガネ。実験で使う液体や粉末、発生するガス、もしも爆発が起きたときに飛び散るガラスなどから目を守ってくれる。長時間の装着で煩わしく感じてしまっても勝手に外してはいけない。

→安全第一

ポスター

[ぽすたー]

理科室の壁や理科室前の廊下に貼られている印刷物。理科に興味がわくようなものや実験を安全に行うための方法が書かれたものなど、さまざまな種類のポスターがある。

→理科教育ニュース

あ
か
さ
た
な
は
ま
や
ら
わ

さまざまなポスター

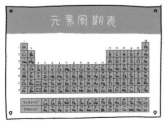

はたして白衣はかっこいいのか?
・白衣→P.144

白衣の着用理由には「実験に必要だから派」と「かっこいいから派」があるようです。私はどちらかというと「必要だから派」で、さらにいうなら「できれば着ないですませたい派」でもあります。理由は体形が特殊(上下方向に短く水平方向の外周が長い)なので、フィットするサイズがないのです。授業中に学生が撮ってくれた動画を見るたび、自分の白衣姿のかっこ悪さに恥ずかしさ爆発。白衣を着てかっこいいのは、もともとかっこいい体形のひと(とか人体骨格模型くん)で、かっこよくないひとが白衣を着てもかっこよくないんですー(太くて短くて何がわるいぃぃっ!)。あ、つい頭に血がのぼりました、すみません。講義や物理系の実験では白衣を避けてますが、薬品を扱う化学の実験では必須なので着ます。暑がりで汗っかきなので、ワイシャツ等の上に着ていると夏場はかなり汗をかきます。いつかお金がたくさん貯まったら、クーリング素材(汗をかくと冷却してくれる新素材)の白衣を、しっかり寸法を合わせたオーダーメイドで作ってみたいと思いますが、そのお金があるなら新しいレンズを買っちゃうだろうなあ(ダイエットが先だぞ←自分)。

物理と生物の間にかかる橋
・ブラウン運動→P.158

手軽にできて確実に結果が見られるということから、ブラウン運動の観察は授業の定番にしています。サンプルには牛乳を10倍ぐらいに水で薄めたもので、生物顕微鏡で最高400倍ぐらいで観察します。牛乳のプレパラートは全面にいっぺんにピントが合いますし、顕微鏡のセッティングを適切にすれば見やすいので楽しい実験だと思っています。もっとも顕微鏡に慣れていない学生が多いので、授業では操作方法の説明時間の方が観察時間より長くなってしまいますが……。見た目には小さな粒(牛乳の乳脂肪粒)がぶるぶるとふるえているだけですが、本文にもあるようにこれは脂肪粒子に水分子が衝突して起きる運動です。つまり、水が目に見えない大きさの粒=分子でできている(!)ことや、その分子が運動していることを示しています。現象の研究があのアインシュタインによって行われたというのも、ちょっとエモーショナル。さらに運動の発見は200年近く前、花粉から出た粒子を観察していたロバート・ブラウンという植物学者によるものです。物理学と生物学の間にかかった橋なのだと感じます。お気に入り実験である理由です。

紛らわしい言葉

紛らわしい言葉

[まぎらわしいことば]

同じ読み方、もしくは似た読み方の2つの言葉。「加熱と過熱」「導線と銅線」「科学と化学」「溶解と融解」など。他にも「密度と比重」など、読み方は違うが意味が似ている言葉もあったりするので間違えないようにしよう。

マグデブルク半球

[まぐでぶるくはんきゅう]

大気圧の大きさを体験できる器具。2つの半球を合体させて中の空気を抜くと、その2つの半球は引っ張っても取れない。これは、半球内の圧力が低くなっているのに対し、外からの圧力（大気圧）が大きいから。理科準備室の奥に眠っていたりするが、劣化していて空気がうまく抜けないこともある。
→真空、大気圧

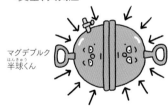

マグデブルク
半球くん

大気圧で押されて離れない

中に空気が入ると簡単に離れる

マッチ

[まっち]

ろうそくやガスバーナーなどの加熱器具に火をつける道具の1つ。マッチ棒の頭と、箱の茶色の部分にはそれぞれ別の薬品が付けられている。こするとその2つが反応して摩擦熱で火がつくしくみ。
→チャッカマン、燃え殻入れ

マッチくん

マツボックリ

[まつぼっくり]

マツカサともいう。マツの球果という部分で、隙間に入っている種子を守る役割がある。水に浸けておくとかさを閉じて小さくなり、乾燥するとかさが開く。これは乾燥する時期に種子を放出するマツの性質である。

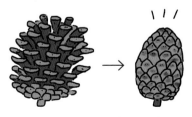

マツボックリ　　　水に浸けると小さくなる

あ

か

さ

た

な

は

ま

や

ら

わ

豆電球

[まめでんきゅう]

電気を通して光る器具。電気回路に組み
込んで用いる。回路がちゃんとつながっ
ているかや、電流の大きさを確認するの
に使われる。
→発光ダイオード

豆電球ベイビー

マヨネーズ容器

[まよねーずようき]

プラスチックの1つのポリエチレン（PE）を
原料とした容器。フタが密閉できて比較
的柔らかい素材なので、温度と体積の関
係を調べる実験でよく使われる。
→体積

温度が上がると
空気はふくらむ

右ねじの法則

[みぎねじのほうそく]

電流の向きと磁界の向きとの関係性を示
す法則。電流が流れる向きをネジが進む
向きに見立てたとき、電流のまわりにでき
る磁界の向きはネジが回転する向きとなる。
これは、右手で親指を立てた形にすると
覚えやすい。

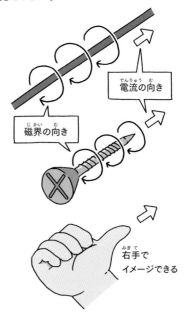

電流の向き

磁界の向き

右手で
イメージできる

丸底フラスコ

[まるぞこふらすこ]

底が球形になっているフラスコ。他のフラ
スコに比べて加熱に強い。底が丸く自立
できないので、立てて保管するときにはフ
ラスコ台を使う。フラスコ台が無い場合は
ガムテープの芯でも代用可能。
→加熱とガラス器具

コテン

丸底フラスコくん

きたよ〜！

フラスコ台くん

豆電球

ミクロスパーテル

[みくろすぱーてる]

スパチュラともいう。粉末状の薬品をほんの少しだけ取り出したいときに使う器具。スプーン状の部分とヘラ状の平らな部分があるが、ヘラ状の方はやや鋭いので取り扱いに注意しよう。
→薬さじ

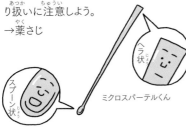

ヘラ状

スプーン状

ミクロスパーテルくん

水のしみ込み方の実験

[みずのしみこみかたのじっけん]

土や砂の粒の大きさが、水のしみ込み方にどう影響するかを調べる実験。プラスチックのコップなどで作った容器をいくつか用意し、1つの容器には運動場の土、別の容器には砂など、粒の大きさに違いをつけて入れる。これらに水を流し入れると、粒が大きいほど水が速くしみ込むことがわかる。
→運動場の砂、先生の手作り

底に小さな穴をあけたコップ

わりばし

キッチンペーパー

プラスチックコップ

手作り装置

密度

[みつど]

体積が1㎤のときの質量。単位はグラム毎立方センチメートル(g/cm^3)をよく用いる。例えば、水と氷では氷の方が密度が小さいので氷を水に入れると浮かぶ。
→比重

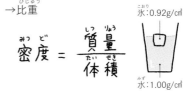

氷：0.92g/cm^3

$$密度 = \frac{質量}{体積}$$

水：1.00g/cm^3

ミョウバン

[みょうばん]

一般的に、カリウムミョウバン（正式名称は硫酸カリウムアルミニウム12水和物）のことを指す。透明で粒状の薬品。ミョウバンの結晶は正八面体で、再結晶によって大きな結晶を作ることが可能。
→再結晶

大きくなったね

ハハハそうじょうそうじょう

ミョウバンの結晶おじさん

水のしみ込み方の実験

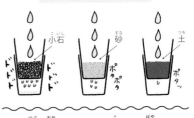

小石

砂

土

粒が大きいほど、しみ込むのが速い

紫キャベツ

[むらさききゃべつ]

赤紫色をしたキャベツ。赤キャベツともいう。
赤紫色なのは、アントシアニン系の色素

成分が含まれているため。紫キャベツから取り出した色素は酸性・中性・アルカリ性の違いによって色が変わるので、pH指示薬として利用できる。

→pH指示薬

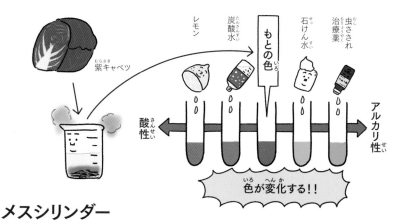

レモン　炭酸水　もとの色　石けん水　虫さされ治療薬

紫キャベツ

酸性　アルカリ性

色が変化する!!

メスシリンダー

[めすしりんだー]

主に液体の体積をはかる器具。ただし、使い方を工夫すれば固体や気体の体積をはかることもできる。目盛りを読むときは、液面の真横から1目盛りの1/10まで読み取る。ちなみに「メス」は「はかる」という意味のドイツ語が由来。

→メニスカス

メスシリンダーくん

液面の真横から
目盛りを読む

じっ

固体の体積をはかるとき

例:消しゴムの体積

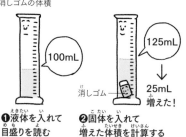

100mL

125mL
↓
25mL
増えた!

消しゴム

❶液体を入れて
目盛りを読む

❷固体を入れて
増えた体積を計算する

気体の体積をはかるとき

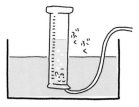

ぶくぶく

メスシリンダーに水を満たしてから逆さにして、気体を入れる。液体と同じように目盛りを読む

メスシリンダーくんのひらめき

水が25mL増えたから、おもりくんの体積は25mLだね

…ってな感じで固体から気体まで体積がはかれるんだ

なるほどね〜

ねぇねぇ

ボクの体積もはかってくれない?

コルクだと水に浮くから、はかれない…

ムリ?

そうだ!!

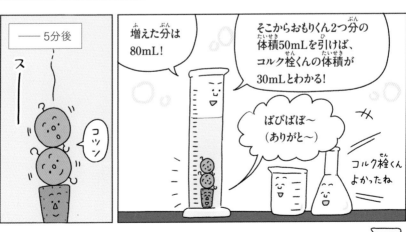

―― 5分後

スー

コッン

増えた分は80mL!

そこからおもりくん2つ分の体積50mLを引けば、コルク栓くんの体積が30mLとわかる!

ばびばぼ〜
(ありがと〜)

コルク栓くんよかったね

ナイスアイデア!

〜〜　メスシリンダー

メダカ

[めだか]

田んぼや小さな川などの淡水で生息する
小型の魚。理科室で飼育する代表的な
生き物でもある。産卵や孵化のようす、尾
びれの血液観察、走性の観察などに用い
られるが、ただ泳いでる様子を見るだけ
で癒される存在でもある。
→血液、走性

メダカのオスとメスの見分け方

切れこみのある背ビレ

オス　　　　　　メス

四角形のしりビレ　　三角形のしりビレ

メニスカス

[めにすかす]

半円形になっている液面のこと。例えば
メスシリンダーに水を入れて目盛りを読む
とき、その液面は真っすぐではなく少し下
にへこんでいる。この場合、一番下の部
分の高さの目盛りを読む。これを「メニス
カスの下面を読む」という。ちなみに「メ
ニスカス」とは「三日月」という意味のギリ
シャ語が由来。

メニスカス

← ココを読む

目盛りの精度

[めもりのせいど]

器具の中には目盛りが刻まれたものがあ
るが、それぞれ精度（正確さ）が違う。ビー
カーや駒込ピペットの目盛りは、あくまで
目安なのでそこまで正確ではない。一方、
メスシリンダーは体積をはかる器具なの
で目盛りの精度は高く作られている。さら
に、小中学校ではあまり見ることはないが
メスピペット、メスフラスコ、ホールピペット
など、より精度が高い器具もある。

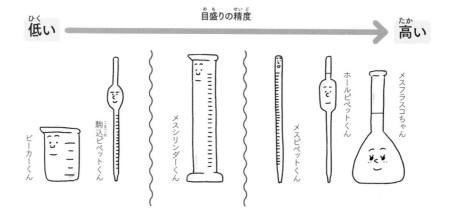

目盛りの精度

低い　→　高い

ビーカーくん

駒込ピペットくん

メスシリンダーくん

メスピペットくん

ホールピペットくん

メスフラスコちゃん

メダカ

メンテナンス・点検

[めんてなんす・てんけん]

器具や装置に故障がないか、壊れていな

いかを調べて正常な状態を保つこと。安全に使用できて正しい結果を得るためには、定期的に行う必要がある。

→修理できるものは修理して使う

メンテナンス

ガスバーナー

分解して内部の
クリーニング

ふき　ふき

顕微鏡

スッ
スッ

対物レンズくん

レンズの
クリーニング

百葉箱

ぬりぬり

色の塗り直し

点検

ガラス器具

＋　　　＋

割れたりしていないか

電子機器

電源がちゃんと入るか

実験用
ガスコンロ

火の出る穴が
詰まっていないか

メンテナンス・点検

毛細管現象

[もうさいかんげんしょう]

毛管現象ともいう。ガラス管のような細い管を液体に差し込んだときに、液体が管の中を昇っていくこと。これは管に限らず、細かい隙間でも起きる。アルコールランプの芯にアルコールが染み込んでいくことや、ティッシュが水を吸い取るのも同じ原理である。

細いガラス管

ちゃぽ

ススス

ピタッ

水が勝手に昇る!

毛細管現象の簡単な実験

ねじったティッシュ

❶右のようにセットする

❷時間がたつと水が吸い上げられている!

毛細管実験器

[もうさいかんじっけんき]

毛細管現象で昇る高さが、管の太さによって変化することを観察できる器具。まず一番太い管に上から水を注ぐと、つながった他の管に毛細管現象によって水が昇っていく。このとき、管が細い方がより高いところに水が昇っていく。
→毛細管現象

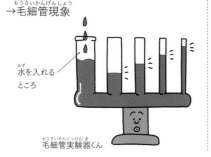

水を入れるところ

毛細管実験器くん

燃え殻入れ

[もえがらいれ]

火をつけた後のマッチの燃え殻を入れるための容器。飲料用や缶詰用の缶を加工したものを使っている学校もある。マッチを使う実験のときは、事前に燃え殻入れの中に水を少し入れて準備しておこう。

ボクたち今は燃え殻入れでーす

もとはサバ缶　　もとはビール缶

あ
か
さ
た
な
は
ま
や
ら
わ

PAGE 176

毛細管現象

もしものときの対応

[もしものときのたいおう]

———

実験中、事故やケガが起きてしまったときに行うべきこと。火災ややけどなど、さまざまなことが想定されるが、まずは原因（火や薬品の流出など）を安全に止める。それと同時に事故やケガの内容・程度を把握する。そして落ち着いて適切な処置を行って、保健室や病院に行くようにしよう。
→安全第一、理科室のルール

やけど

水で15分以上冷やす

薬品が目に入った

まぶたを広げて水で15分以上洗う

有毒ガスを吸った

理科室から出て新鮮な空気を吸う

薬品を誤飲した

大量の水を飲んで薬品を吐き出す

ノートに火がついた

ぬれぞうきんや水、砂をかける（もちろん消火器でもOK）

服に火がついた

水をかけたり、床に転がってもみ消す

薬剤師
[やくざいし]

病院や薬局で薬を調合したり、患者に薬の説明をする人（国家資格が必要）。その中でも、小中学校に定期的に来て薬品管理や衛生的な部分について指導などを行う「学校薬剤師」という業務がある。薬品の使用量などをしっかり記録しておかないと、薬剤師さんから厳しい指導が入る。
→薬品、薬品管理

薬さじ
[やくさじ]

粒や粉末の薬品を容器から取り出すときに使う器具。片方がスプーン状になっていて、その反対の端には小さなくぼみがある。薬品を多めに取るときはスプーンの方を、ほんの少しだけ取りたいときはくぼみを使う。薬包紙とセットで用いることが多い。
→ミクロスパーテル、薬包紙

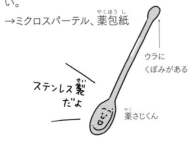

ウラに
くぼみがある

ステンレス製だよ

薬さじくん

薬品
[やくひん]

実験に用いるための化学物質。試薬ともいう。理科室にはアンモニア水や塩酸、塩化ナトリウム、過酸化水素水、二酸化マンガン、ヨウ素液などさまざまな薬品がある。基本的に、容器から一度取り出した薬品は劣化していくので、余ったからといって同じ容器に戻してはいけない。
→廃液用タンク

あまったから
もどそうっと

ザザー

ダメ〜〜!!

薬品管理
[やくひんかんり]

先生が理科準備室で行う業務の1つ。実験で使用する薬品は、性質や人体への影響などが異なるのでそれぞれに合った保管方法が必要となる。また、薬品の購入や使用、廃棄の際にはその量を記録しておく必要がある。
→薬剤師、薬品庫

薬品管理ノート

薬品庫
[やくひんこ]

———

薬品を収納・保管する棚。鍵をかけること

ができ、生徒たちが出入りできない場所に置かれている。また、地震によって倒れないように金具で壁や床に固定されている。

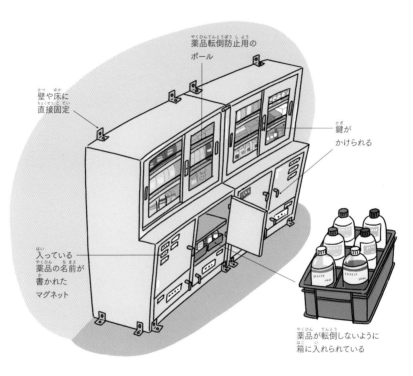

薬品転倒防止用のポール

壁や床に直接固定

鍵がかけられる

入っている薬品の名前が書かれたマグネット

薬品が転倒しないように箱に入れられている

薬包紙
[やくほうし]

———

粒や粉末の薬品をはかり取るときに下に敷く紙。はかり取った薬品を包んで一時的に保管するのにも便利。パラフィン紙というツルツルの紙でできているので、薬品をビーカーなどにスムーズに入れることができる。
→薬さじ

床を直で拭かない

[ゆかをじかでふかない]

理科室を掃除するときに注意すべきことの1つ。理科室の床には、知らない間にこぼした薬品や割れた細かなガラスが落ちている可能性がある。そのため、床をぞうきんで拭いてしまうと、水と薬品が反応したりガラスでケガをするおそれがあるので、理科室の床を掃除する時はほうきやモップで行う。

→ぞうきん

ボクは消火に備えるからそうじはよろしく！

ぞうきんくん

オッケー

モップくん

湯気

[ゆげ]

水蒸気が空気中で冷やされて、細かな水滴になったもの。漢字の中に「気」があるので「気体なのかな」と勘違いされがちだが、液体である。空気中でできた細かな水滴が光の乱反射によって白く見えている。

→水蒸気、乱反射

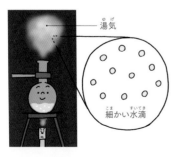

湯気

細かい水滴

湯せん

[ゆせん]

直接火に当てずに、湯に浸して間接的に加熱すること。ゆっくりと加熱したいときや、エタノールのような引火しやすい液体を加熱するときなどに行う。

→加熱

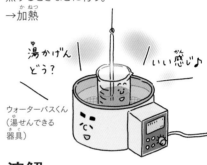

湯かげんどう？

いい感じ♪

ウォーターバスくん
（湯せんできる器具）

溶解

[ようかい]

物質が液体に溶けて、透明で均一な状態になること。固体だけでなく液体同士、さらには気体が液体に溶けることも含む。その何かが溶解した液体のことを溶液と呼ぶ。

→水溶液

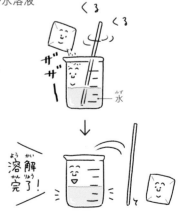

くる　くる

ザザー

みず
水

↓

溶解完了！

金網にいさんのお勉強コーナー

えー、今回は溶解と融解について学びましょう

はーい

液体窒素くん！
それは妖怪！
ややこしいので
やめてください

1つ目こぞうのお面

…では、本題。

2つの言葉の意味はこの通りです

溶解
物質が液体に溶けて均一になること

融解
固体が液体に変化すること

言葉の響きは似てるし、なんか意味も近くてややこしいな

たしかに〜

ちなみに「溶融」という言葉もあります。

これは融解とほぼ同じですが、細かく言うと金属やガラスが液体になるときに使うことが多いですね。さらには…

難しい…

ややこし〜

紛らわしいけど覚えよう！

溶解

ヨウ素液

[ようそえき]

ヨウ素ヨウ化カリウム溶液ともいう、茶褐色の液体。ヨウ素デンプン反応を行うときは50倍くらいに薄めたものを使う。ちなみに、うがい薬（ヨウ素入り）でも代用でき、その場合は10倍くらいに薄めて使う。
→ヨウ素デンプン反応

ヨウ素デンプン反応

[ようそでんぷんはんのう]

デンプンがあるかを調べるために用いる反応。ヨウ素という物質がデンプンとくっつくと青紫色になる現象を利用している。例えば、じゃがいもはデンプンを多く含むので、その断面にヨウ素液をぽたぽた落とすと青紫色に変化する。この反応は葉の光合成の場所や、だ液によるデンプンの分解を調べる実験に用いられる。
→振動反応、だ液、デンプン

ヨウ素液を
薄めたもの

ヨウ素
デンプン反応で
変色！！

じゃがいも

葉緑体

[ようりょくたい]

植物の葉や茎の細胞の中にある緑色の小さな粒で、光合成が行われる場所。緑色の色素成分は葉緑素（クロロフィル）といって、光のエネルギーを吸収するはたらきを持つ。
→光合成

オオカナダモ

葉緑体
（約5μm）

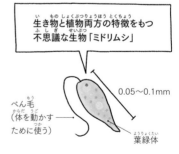

生き物と植物両方の特徴をもつ
不思議な生物「ミドリムシ」

0.05〜0.1mm

べん毛
（体を動かす
ために使う）

葉緑体

動き回れて、光合成によって
自分で栄養を作ることもできる

ライデン瓶

[らいでんびん]

静電気を溜める実験に用いられる器具。プラスチックコップとアルミホイルで簡易的なライデン瓶を作ることもできる。
→静電気

ティッシュでこすったパイプ

心臓が弱い人はやってはならんぞ

❶静電気を溜める　❷放電

ラジオメーター

[らじおめーたー]

真空のガラス容器の中に、片面が黒色で裏が白色の4枚の羽根が付いた器具。羽根に光が当たると、黒色と白色の光の吸収の違いによって容器内で空気が動き、羽根が回転するしくみ。現在、理科の授業で使われることはほとんどないが、展示コーナーに置かれていることがある。
→展示コーナー

ピカー

くるくるくるくる

ラベル

[らべる]

理科室を効率的に使うためのもの。実験器具や道具を収納する棚の引き出し・カゴに貼っておく。収納する物の名前だけではなく「下に向けて置くこと」「プラスチック製シャーレは上、ガラス製は下」などの注意書きラベルもあるとより良い。
→片付け

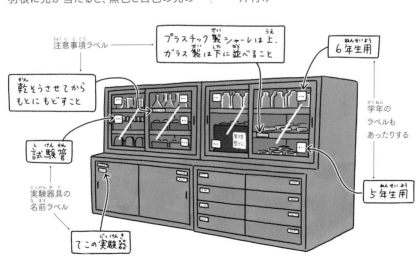

注意事項ラベル

プラスチック製シャーレは上、ガラス製は下に並べること

6年生用

乾とうさせてからもとにもどすこと

学年のラベルもあったりする

試験管

実験器具の名前ラベル

てこの実験器

5年生用

乱反射

[らんはんしゃ]

でこぼこの面に当たった光がさまざまな
方向に反射すること。身の回りにあるもの
はほとんどが乱反射を起こしていて、わか
りやすい例だと氷がある。透明でキレイな
大きい氷も、かき氷のように細かくなると
透明ではなく白くなる。これは、たくさんの
細かな氷の表面で光が乱反射を起こして
いるから。

→光の反射

乱反射

光 →

でこぼこの面

リード線

[りーどせん]

導線ともいう。電気を通しやすい銅線を
電気の通しにくい素材で覆ったもの。コイ
ルを作ったり、電気回路をつなげるため
に使う。リード線には両端にクリップの付
いたものもあり、クリップの形の違いによ
っていくつか種類がある。

→エナメル線、回路

理科

[りか]

学校教育における教科の1つ。生物や物
質、現象のしくみや法則、そしてそれらを
明らかにしてきた実験方法や観察方法な
どを学ぶ。物理、化学、生物、地学の4分
野に分けられる。

理科教育ニュース

[りかきょういくにゅーす]

少年写真新聞社が発行する掲示用ポス
ター。実験や観察、元素や鉱物などのさ
まざまな情報が、大きな写真と文字で掲
載されている。見るだけでわくわくする。
理科室の壁や理科室前の廊下に貼られ
ていることが多い。

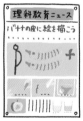
理科教育ニュースのポスター

ミノムシリード線
よく使われるタイプ

ワニグチリード線
太いものをはさみやすい

バナナリード線
端子にさしこめる

理科教材カタログ

[りかきょうざいかたろぐ]

実験器具や教材を購入するときに見るぶ厚い本。理科準備室か職員室に置かれていることが多い。
→理科教材販売会社

大きい〜！

1000ページくらいあるんだ

理科室

[りかしつ]

理科の実験や観察を行う教室。実験器具や装置、実験机などが並んでいる。小学校では1つのところが多いが、中学校では2つ以上あるところも。

理科室っぽさ

[りかしつっぽさ]

他の教室にはない独特の雰囲気。展示コーナーにある標本や模型、理科室の棚に並ぶビーカーやフラスコ、顕微鏡や人体模型が雰囲気を作り出している。

理科教材販売会社

[りかきょうざいはんばいがいしゃ]

実験や観察で使う器具や薬品、理科室の設備などを販売する会社。小中学校向

けとしては「内田洋行」「ケニス」「島津理化」「ナリカ」「ヤガミ」などがある。それぞれオリジナルの製品や、より安全な器具の開発を行っている。理科の学びを支える存在。

主な理科教材販売会社

株式会社内田洋行

ケニス株式会社

株式会社島津理化

株式会社ナリカ

株式会社ヤガミ

理科室の縁の下の力持ち！

理科室っぽさ

理科室のルール

[りかしつのるーる]

理科室で事故やケガが起きないように守るべきこと。すべての実験・観察を行うとき

きの共通ルールとして壁に貼られていることも多い。ルールをしっかり守って、安全に実験を楽しもう。

→安全第一、貼り紙

貼られているルールの例

理科室のルール

- 走ったりふざけたりしない
- 机の上に余計なものをおかない
- 勝手に器具や薬品にふれない
- 事故やケガがあれば、小さなことでもすぐに先生に知らせる
- 観察や実験はみんなで協力する

理科準備室

[りかじゅんびしつ]

先生が実験材料や薬品の管理などをする部屋。古い器具や装置が保管されていることもある。生徒は入ってはいけないので、理科準備室には鍵がかけられている。

理科準備室はボクらのわが家～

力学台車

[りきがくだいしゃ]

長方形の台に車輪が付いた実験用の車。物体の運動を学ぶために使われる。記録タイマーとセットで用いることが多く、斜面を走るときの速さの変化などを調べる実験で活躍する。

→記録タイマー

シャアアアア

おもりを乗せられる

1kg

力学台車くん

力学的エネルギー保存の法則
[りきがくてきえねるぎーほぞんのほうそく]

「物体がもつ運動エネルギーと位置エネルギーの合計（力学的エネルギー）は、常に一定である」という法則※。運動エネルギーは、物体が重くて速いほど大きい。位置エネルギーは、物体が重くて高い位置にあるほど大きい。

※空気抵抗や摩擦を無視したとき

力学的エネルギー保存の法則イメージ

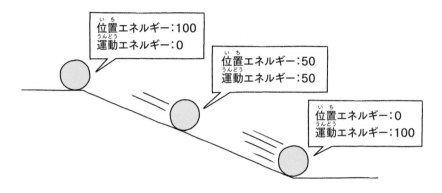

位置エネルギー：100
運動エネルギー：0

位置エネルギー：50
運動エネルギー：50

位置エネルギー：0
運動エネルギー：100

リトマス紙
[りとますし]

リトマス試験紙ともいう。液体の酸性・中性・アルカリ性を調べるための紙で、青色と赤色の2種類がある。もともとはリトマスゴケという植物から取れる色素を使っていたが、今は人工的に製造された色素成分が使われている。
→試験紙、pH試験紙

青色リトマス紙くん　　赤色リトマス紙くん

〈酸性の液体〉

青色リトマス紙だけ変色

〈中性の液体〉

どちらも変化なし

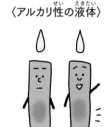

〈アルカリ性の液体〉

赤色リトマス紙だけ変色

リトマス紙

ケンカした2人

あ
か
さ
た
な
は
ま
や
ら
わ

硫化水素

硫化水素
[りゅうかすいそ]

卵が腐ったようなにおい（腐卵臭）のある、無色の有毒な気体。温泉地などで「硫黄の匂いがする」というが、これは硫化水素の匂いである。実際、温泉地で高濃度の硫化水素ガスによって中毒事故が起きた例もある。

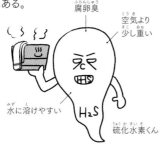

腐卵臭

空気より少し重い

水に溶けやすい

H₂S

硫化水素くん

両手で持つ
[りょうてでもつ]

実験器具や装置を運ぶときに落とさないためのルールの1つ。大きめのビーカーやフラスコ、顕微鏡や上皿てんびんなどは落とすと割れたりして使えなくなる可能性があるので、両手でしっかり持つことを意識しよう。

ルーペ
[るーぺ]

小さなものを大きく拡大して見るための器具。虫眼鏡や拡大鏡ともいう。主に植物や鉱物、昆虫などを観察するために使われる。ルーペで直接太陽を見ると失明するおそれがあるので、絶対にダメ。また光を1点に集中させると火事になる危険性

があるので、むやみにやってはならない。
→してはいけない

ルーペくん

冷却器
[れいきゃくき]

冷却管ともいう。気体になった物質を冷やして液体にする器具。蒸留の実験などで使われる。ただ、装置を組み立てるのが大変だったり水道水が常に必要なことから、小中学校ではあまり使われない。
→蒸留

リービッヒ冷却器くん

レンズ
[れんず]

光を集めたり広げたりするはたらきをもつもの。プラスチックやガラスなどの透明な素材でできていて、大きく分けて凸レンズと凹レンズがある。これらのレンズは、光がどのように屈折するのかを学ぶ実験で使われる。また、メガネやカメラ、望遠鏡など、世の中でも広く利用されている。
→光の屈折

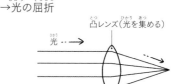

凸レンズ（光を集める）
光

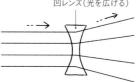

凹レンズ（光を広げる）

ろうそく

[ろうそく]

―――

一定の時間、火をともすことができる道具。油の一種である「ろう」という固形の物質の中心に芯が通った構造になっている。ものの燃え方を学ぶために用いられる。
→集気ビン

ろうそくの燃焼実験

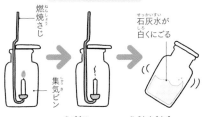

燃焼さじ

石灰水が白くにごる

集気ビン

❶フタをした状態だと火はいずれ消える

❷二酸化炭素ができたのがわかる

ろうそくを使った実験

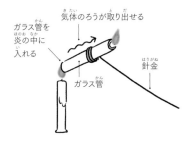

気体のろうが取り出せる

ガラス管を炎の中に入れる

ガラス管

針金

ろうそく立て

[ろうそくたて]

―――

中心に針が付いた、ろうそくを立てるための板。ろうそくの炎の観察や、底なし集気ビンをかぶせて空気の出入りと燃え方の関係を観察するときに用いる。ろうが垂れていたり焦げている部分があったりする。
→先生の手作り、底なし集気ビン

汚れはくんしょうなのさ

ろうそく立てくん

ろうと

[ろうと]

―――

ろ過に用いる器具。ろ過のときは、ろ紙をろうとにはめて少し水で湿らせてから用

いる。ろうとの先端は、とがった方をビーカーの壁に付けておくとスムーズに液体が流れていく。
→ろ過

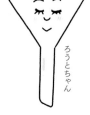

ろうとちゃん

ろうと台

[ろうとだい]

―――

ろうとをセットして固定する器具。ろうとやビーカーのサイズに合わせて高さを調節できる。

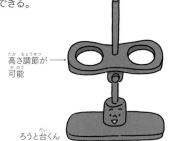

高さ調節が可能

ろうと台くん

ろ過

[ろか]

混合物を分ける方法の1つ。物質の大きさの違いを利用して液体から固体の物質を取り出すときに行う。ろ紙、ろうと、ガラス棒などが必要。ろ過には大きく分けて「自然ろ過」と「吸引ろ過」の2種類がある。どちらのろ過もガラス棒に液体を伝わせて注ぐが、そのときにガラス棒の先でろ紙を破いてしまうことがある。その場合はもちろんやり直し。悲しい瞬間である。

→混合物、失敗

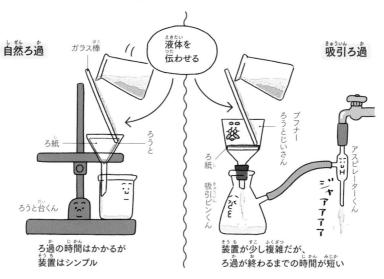

自然ろ過

ガラス棒

液体を伝わせる

ろ紙

ろうと

ろうと台くん

ろ過の時間はかかるが装置はシンプル

吸引ろ過

ブフナーろうとじいさん

ろ紙

吸引ビンくん

アスピレーターくん

ジャアアア

装置が少し複雑だが、ろ過が終わるまでの時間が短い

あ

か

さ

た

な

は

ま

や

ら

わ

ろ紙

[ろし]

ろ過に用いる、非常に細かな隙間がある円形の紙。ろ紙の隙間を通れない固体物質がろ紙の上に残るというのが、ろ過のしくみ。ろ紙を折りたたむときは、端っこを少し切り落としておくと、ろ紙がろうとに密着しやすくなるのでおすすめ。

ろ紙の折り方

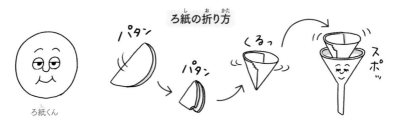

パタン

パタン

くるっ

スポッ

ろ紙くん

ろ紙

ワインの蒸留

[わいんのじょうりゅう]

蒸留を学ぶ実験の1つ。蒸留によって、ワインのアルコール成分であるエタノールを

取り出すことができる。赤色のワインから無色透明のエタノールが出てくるという色の変化も楽しい。

→蒸留

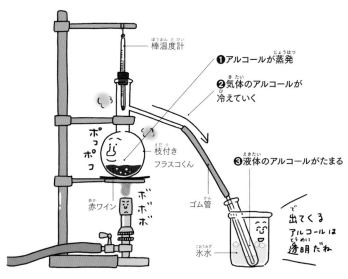

棒温度計

枝付き
フラスコくん

赤ワイン

ゴム管

氷水

❶アルコールが蒸発

❷気体のアルコールが
冷えていく

❸液体のアルコールがたまる

で
出てくる
アルコールは
透明だね

わくわく感

[わくわくかん]

理科室に入ったときや、実験や観察中に感じる気持ち。理科という教科は学習という意味ももちろんあるが「楽しむ」ということも大事。この気持ちは研究をする上でも重要なものであり、世界中の科学者や研究者も持っているはず。

今日の実験は
何かな〜?

わく

わく

何
だろうね

忘れられた教科書やノート

[わすれられたきょうかしょやのーと]

理科室に残された残念なものの1つ。実験机の下のスペースに置き忘れられていることがある。授業が終わって油断したことが原因か……。

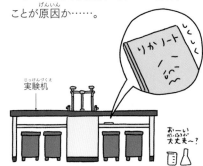

実験机

りか ノート

おーい
大丈夫〜?

理科室での体験

ボクは
理科のノート
です

この前、理科室に忘れられて泣いてたら、
声をかけられたんだ

お〜い

大丈夫?

ボクらと
一緒に
実験する?

楽しいよ

リカノート

え?

…ってことで、一緒に実験する
ことになったんだ。とは言っても
ボクは離れて見てただけ
なんだけどね

お〜

リカノート

理科室って、
ちょっとこわいイメージだったけど、
みんな優しくて楽しかったなぁ

リカノート

たまには理科室に
置きっぱなしになるのも悪くないかな〜
……なんてね

理科室

理科室でまた
実験しようね

忘れられた教科書やノート

ワセリン

[わせりん]

白色のベタベタした半固形状の物質。蒸散の実験で葉の気孔をふさぐためによく使われる。この実験によって、葉の表と裏、どちら側に気孔が多くあるかを調べる

ことができる。
→気孔、蒸散

さわると
ベタベタする

ワセリン

ワセリンを使って葉の蒸散量を調べる実験

❶右のようにAとBを用意し、全体の重さをはかっておく
❷数時間おく
❸全体の重さをはかって、水の減少量（蒸散量）を計算する

A   B

葉のオモテにワセリンを塗る
（オモテからは蒸散できない）

水の蒸発防止のための油

葉のウラにワセリンを塗る
（ウラからは蒸散できない）

蒸散量3g   蒸散量1g

主に葉のウラ側で
蒸散が行われていることがわかる！

割れたガラス器具

[われたがらすきぐ]

生徒たちだけで処理してはいけないもの。大前提として、ガラス器具はヒビが入っていないかを確認してから使う。もし実験中に割れてしまった場合は先生にすぐに報告する。また「少し欠けちゃったけど、まいっか」と、そのまま使用するのも絶対ダメ。持った時や洗浄するときにケガをするお

それがあるほか、次の人が使っているときに割れる危険性もある。
→ガラス、ゴミ箱

割らないよう
大切に
扱ってね〜

紫キャベツ vs 紫イモ
・紫キャベツ→P.172

あらかじめ申し上げますが、以下は実話です（というか、コラムは全部実話です）。さて本題……紫キャベツの色素液実験、じつにひんぱんに行います。色の変化がわかりやすく、色も美しく、なにより色素液が安全で使いやすいためです。ひとつ問題があるとすれば、紫キャベツが売られている季節が限られること。最近はシーズンが長くなったとは思いますが、季節によっては探しまくっても見つからないほど希少品になります。このため、手に入る季節に色素液をたくさん作っておき、保存すればいいじゃん……と思うでしょう。でもそれは大事なことを見逃しています（私も見逃していました）。

色素液はいわば紫キャベツのスープです。スープはほうっておくとくさるのです。くさるとものすごいにおいが出るのです。においが出ると実験室中に広がり、鼻の穴の奥底にしばらく留まるのです。心の底にもずっと留まる実験になるかもしれません（トラウマともいう）。

ということで、保存する場合は紫イモフレークを使います。色みに少し差がありますが同じアントシアニン系の色素。粉なので保存が利きます。必要なときにさっと水にいれて色素を抽出、上澄みを採集して使います。

不器用でもがんばることが大事
・ラジオメーター→P.183

電灯の光を受けて静かに回転し続けるラジオメーターは、もし実験室にあるならゼッタイに見ておくべき装置です。原理は本文にもあるように空気の動きが発生するためですが、長い間議論されたようにしくみがすぐには見抜けません。その魔術的な不思議さが魅力のひとつですが、さらに美しさも魅力です。羽根の反射する面がキラキラと光をはね返しながら回転するので、パトライトみたいに光が回転します（この例え、ぜんぜん雰囲気がちがいます。はるかに神秘的）。ずっと眺めていられそうです。

となると作りたくなる(?)わけで、作りました(笑)。アルミフォイルの片面をつや消し黒で塗った羽根を作り、針の先にのせてできるだけ大きなジャムびんをかぶせました。精密加工は苦手中の苦手なのでおおよそで作り、微調整でなんとかしようというアバウトな作戦。で、時に天は不器用者にも光を下さるのです！ 直径6cmほどの羽根がゆっくりとまわったときは鳥肌がたちました（寒気のためぢゃないからね）。調子こいてその後も何度か作りましたが、面倒くさい調整をそこそこで作るとぜんぜんうまくいかない。そうなのです。天は不器用者にはやさしいけれど、怠け者には厳しいのでした……教訓〜♪。

割れたガラス器具

おわりに

本書では(一部例外もありますが)、主に小中学校における理科の範囲内での用語を集めました。これは理科に限ったことではありますが、高校や大学へ進むと用語は増えていきます。特に大学ではそうですが、研究を行う場合、自分の専門分野を絞っていく形になるため、用語もより細かく分けて理解する必要が出てきます。

例えば、水。化学実験では、水の中の成分(不純物)が邪魔をすることがあるので、その不純物を取り除いた水を用います。その不純物を取り除いた水のことを「精製水」といいますが、その精製水にも種類があるのです。
- 蒸留水
- 脱イオン水(イオン交換水)
- 超純水
- 逆浸透水

などです。それぞれの意味を説明すると長くなるので省略しますが、要は、実験でどの水を用いるかによって結果が左右されるので、使い分ける必要があるのです。そんな使い分けを面倒に感じる人もいるかもしれませんが、一方で「こんな使い分けがあるのか」「こんな用語があるのか」とわくわくを感じる人もいると思います。私もその1人でした。

私はもともと化粧品メーカーでヘアケア製品の研究開発をしていたのですが、まだ新人だった頃、こんなことが起こりました。開発中のヘアワックスが、もともと白色だったのに数ヶ月後には茶色っぽくなっていたのです。これはなぜだ? 何が起きたんだろう? と悩んでいると、先輩の研究員が「あ、これはメイラード反応が起きたのかもしれないね」と教えてくれたのです。メイラード反応とは、化学反応の一種です。簡単に言うと、糖の炭素部分とアミノ酸の窒素部分がくっつくことによって起こります(他の組み合わせもある)。

ですが、私はその当時「メイラード反応」という用語を知りませんでした。そのため必死にさまざまな文献を読んでその反応を学んだわけですが、新たな用語との出会いにわくわくしたことを覚えています。

そして、メイラード反応のことを調べる中で、この反応は身の回りでも起きていることを知ります。特に料理でよく起きているんです。例えば、お肉が焼けて良い匂いがしてくることや、玉ねぎをじっくり炒めることで飴色に変化することはメイラード反応によるものです。他にも、パンの焼き色やコーヒー、チョコレートの色にもこの反応が関係しています。メイラード反応は食べ物の色、香りを良くすることにつながるので、みんな知らず知らずのうちに利用していたりするのです。

このように、1つの用語から、世界の見え方が変わってくることもあるのです。

この本を読んだ小中学生は、これから高校、大学と進む中で多くの用語に出会っていくと思いますが、その度にわくわくした気持ちになってくれたら嬉しいです。そして、そこからどんどん世界を広げていってもらいたいです。

最後に、この本を描くにあたり、取材に協力してくださった学校のみなさま、本当にありがとうございました。そして、今回もコラムを書いてくださった山村先生、デザイナーの佐藤さんと中山さん、編集者の渡会さんのおかげで、最高に楽しい本ができました。

この本が、全国の小中学校の理科室に、科学図書の1冊として置かれたら嬉しいです。みんな、理科室を楽しもう!

うえたに夫婦

謝辞

下記の小学校・中学校の理科室・理科準備室を取材させていただいたおかげで、本書は完成させることができました。ありがとうございました。

また、本書内における商品名・企業名についても、それぞれの企業さまから掲載許可をいただきました。ご協力いただき誠にありがとうございました。

〈取材協力〉
青山学院初等部
青山学院中等部
京都府京都市立修学院小学校
京都府木津川市立木津第二中学校
筑波大学附属小学校
奈良県香芝市立鎌田小学校
奈良県橿原市立畝傍東小学校
奈良県大和高田市立片塩中学校

〈協力企業〉
株式会社内田洋行
ケニス株式会社
株式会社島津理化
株式会社少年写真新聞社
株式会社東海
株式会社ナリカ
日本製紙クレシア株式会社
株式会社ヤガミ

主な参考文献

『おもしろ理科授業の極意』左巻健男／東京書籍(2019)

『化学実験の基礎知識 第3版』編・飯田隆ほか／丸善出版(2009)

『花粉ハンドブック』日下石碧／文一総合出版(2023)

『岩石と鉱物の写真図鑑』クリス・ペラント／日本ヴォーグ社(1997)

『草木の種子と果実』鈴木庸夫ほか／誠文堂新光社(2018)

『実験でわかる化学』福地孝宏／誠文堂新光社(2007)

『実験を安全に行うために 第8版』化学同人編集部／化学同人(2017)

『島津理化 理化学機器カタログ』島津理化(2022)

『スーパー理科事典(四訂版)』監修・齊藤隆夫／受験研究社(2013)

『中学 詳説 用語＆資料集 理科(改訂版)』中学教育研究会／受験研究社(2016)

『中学理科用語集 三訂版』旺文社／旺文社(2018)

『中学校 理科室ハンドブック』編著・山口晃弘ほか／大日本図書(2021)

『中学校理科 指導スキル大全』編著・山口晃弘ほか／明治図書出版(2022)

『中学校理科 理科室マネジメントBOOK』編著・山口晃弘ほか／明治図書出版(2022)

『中学校理科 観察・実験のアイデア50』青野裕幸／明治図書出版(2018)

『中学校理科授業のネタ100』三好美覚／明治図書出版(2017)

『ナリカ 理科機器総合カタログ2023・2024年度版』ナリカ

『ひっつきむしの図鑑』伊藤ふくお、丸山健一郎／トンボ出版(2003)

『日々に出会う化学のことば』加藤俊二、竹村富久男／化学同人(1991)

『改訂版 フォトサイエンス化学図録』数研出版(2013)

『三訂版 フォトサイエンス生物図録』数研出版(2016)

『ヤガミ 理科機器総合カタログ2023・2024年度版』ヤガミ

『理科実験・観察の器具図鑑』監修・横山正／ポプラ社(2014)

『理科の実験 安全マニュアル』左巻健男ほか／東京書籍(2003)

著者：うえたに夫婦

奈良県出身・京都府在住。化粧品メーカー資生堂の元研究員の夫と理系ではない妻の夫婦で活動しているユニット。京都のラーメンが大好物。主な著書に『ビーカーくんとそのなかまたち』『ビーカーくんのゆかいな化学実験』『ビーカーくんとすごい先輩たち』『ビーカーくんがゆく！工場・博物館・実験施設』（誠文堂新光社）、『すごい！品質検査』（PHP研究所）、『マンガと図鑑でおもしろい！わかる元素の本』（大和書房）などがある。
言いたくなる理科室用語は「ツルグレン装置」。
SNSで随時情報更新中。＠uetanihuhu

コラム：山村紳一郎

サイエンスライター。東京都出身。東海大学海洋学部を卒業したのち、雑誌取材記者やカメラマンを経て、科学技術や科学教育分野の取材・執筆に従事。「おもしろくてわかりやすく、手ごたえと夢のあるサイエンス」の紹介・啓蒙に努める。2004年から和光大学で非常勤講師も務めている。近著に『かがくあそび366』（誠文堂新光社）。
言いたくなる理科室用語は「マグデブルク半球」。

装丁・デザイン　佐藤アキラ
DTP　中山詳子、渡部敦人（松本中山事務所）

実験・観察がもっとたのしくなる！
ビーカーくんのなるほど理科室用語辞典

2024年7月15日　発行　　　　　　　　　　　NDC407.5

著　　　者　うえたに夫婦
発　行　者　小川雄一
発　行　所　株式会社 誠文堂新光社
　　　　　　〒113-0033 東京都文京区本郷3-3-11
　　　　　　電話 03-5800-5780
　　　　　　https://www.seibundo-shinkosha.net/
印刷・製本　TOPPANクロレ 株式会社

ISBN978-4-416-62380-0